THE THINGS
BOYS FEEL SHY
TO ASK

沙嘯巖　編著

THE THINGS BOYS FEEL SHY TO ASK

男孩不好意思問的事

·前 言·

青春期裡的男孩無論是生理上，還是心理上，都會發生翻天覆地的變化，可以毫不誇張地說，經歷了青春期的男孩就像變了個人一樣。

事實上，進入青春期的男孩在面對這些改變的時候並沒有什麼經驗，他們是在懵懵懂懂中，進入了這個絢麗而又充滿困惑、飽含無窮樂趣，同時也充滿著不小挑戰的時期。

雖然這一時期的男孩，生理上已經走向成熟，但是心理上卻離成熟很遙遠。而在上學以後，由於在現今教育的體制下，競爭比較激烈，來自各方的壓力，容易導致男孩子心理方面問題較多的情況出現。

性，這是青春期的核心字眼，也是青春期心理問題的核心所在。在青春期，無論是男孩還是女孩，都會對異性產生好感和好奇，也會萌發一些朦朦朧朧的情愫。

他們會渴望和異性交往，也渴望瞭解性知識，但是他們又會很害羞，擔心被別人發現，更擔心被別人嘲笑。

因此，在這個時期，如果他們沒有得到科學合理的引導和幫助，就有可能陷入焦慮、迷惑或者衝動當中，更有甚者，還會出現一些偏激的行為，甚至是嚴重的後果。

在傳統思想裡，對「性」這個話題是諱莫如深的，在家庭當中更談不上有什麼像樣的青春期性教育。這一點從父母們被孩子們問「我是從哪裡來的」時給予的千奇百怪的回答就可以看出來，他們羞於開口替孩子講解一個生命的孕育過程，只好發揮想像力，也就有了「你是從垃圾堆裡撿來的」「你是從石頭裡蹦出來的」這些敷衍的答案。

　　隨著網路等新興媒體的興起，青少年們獲取訊息的管道越來越多，如果沒有從父母這裡得到正確的性知識，他們或許就會透過別的管道去瞭解，比如色情網站，比如「黃色影片」，而這些不健康的性知識有可能讓孩子的行為更加不理性，形成不成熟的性價值觀。

　　幸好，現在越來越多的家長已經意識到了這一點，雖然他們可能依然羞於當面對孩子進行性教育，或者他們本身對這方面的知識也不是很瞭解，但是他們可以透過別的管道，來讓孩子瞭解更多有關性的知識，比如相關書籍。

　　本書的任務，就是充當對青春期男孩進行性教育的老師角色。從本書的名字《男孩不好意思問的事》就可以看出來，男孩在青春期成長中遇到的種種難以啟齒、不好意思問老師和家長的問題，都可以在本書中找到相應的答案。

　　本書共分為生理變化、性知識、情感、青春期的尷尬事、女孩的生理常識以及身體保健和面對誘惑等七個部分，分別介紹了青春期的男孩生長發育和心理變化的特點，和他們應該具備的性常識，以及如何愛護自己的身體，抵抗誘惑，進而使自己能夠健康順利地度過青春期。

　　本書在寫作上盡可能用通俗易懂的文字，將相關知識解釋清楚，做到寓教於樂。因此，這本書是家長、老師還有小讀者們不容錯過的青春期教育圖書。

目錄

你的身體正在生長

青春期就是青春危險期嗎？ …………………………………012

「小弟弟」怎麼變大了？ ………………………………………015

勃起時「小弟弟」怎麼偏向一側？ …………………………018

「小弟弟」為何會突然「挺立」？ …………………………021

「小弟弟」怎麼比別人小？ …………………………………024

「包皮」有什麼作用？ ………………………………………027

我是不是尿床了？ ……………………………………………030

下面的「蛋蛋」是什麼？ ……………………………………033

睪丸為什麼會長在體外？ ……………………………………036

「蛋蛋」怎麼不見了？ ………………………………………039

為什麼我會長青春痘？ ………………………………………042

嗓子上的大包是什麼？ ………………………………………045

我的嗓子怎麼突然啞了？ ……………………………………048

我不要當毛小孩！ ……………………………………………052

怎樣去除難聞的汗臭味？ ……………………………………055

我怎麼有白頭髮了？ …………………………………………058

腋毛有什麼作用？ ……………………………………………061

我怎麼突然間長高這麼多？ …………………………………064

體重會大大增加嗎？ …………………………………………067

我的體力也有一個「激增期」嗎？ …………………………070

男孩不好意思
問的事

CONTENTS

初識性的祕密

我是怎麼出生的？ ……………………………………074

精子和卵細胞怎麼形成的？ …………………………077

副睪和輸精管如何工作？ ……………………………080

精子和卵細胞的結合 …………………………………083

精液和精子是什麼關係？ ……………………………086

精子游動的動力來自什麼？ …………………………089

為什麼會有雙胞胎？ …………………………………092

生男生女是由誰決定的？ ……………………………095

什麼是試管嬰兒？ ……………………………………098

人工流產是什麼？ ……………………………………101

性病到底有多可怕？ …………………………………104

愛滋病究竟是什麼？ …………………………………107

為什麼會有人喜歡同性？ ……………………………110

跟好朋友形影不離算不算同性戀？ …………………113

同性戀是性變態嗎？ …………………………………116

男生也會遭遇性騷擾嗎？ ……………………………119

目錄

情竇初開的季節

我還可以跟女生玩嗎？ ················124
這就是「暗戀」嗎？ ················127
我有點害怕和女生接觸 ················130
我的表白被拒絕了，怎麼辦？ ················133
「單相思」要如何排解？ ················136
我收到「情書」了，應該怎麼做？ ················139
我是真的愛上她了嗎？ ················142
為什麼我老是想在女孩面前表現自己？ ················145
女孩都喜歡壞壞的男孩嗎？ ················148
我和她之間能有真正的友誼嗎？ ················151
我喜歡女老師怎麼辦？ ················154
老師為什麼干涉我和女孩的友誼？ ················157
為什麼大人們都不支持「早戀」？ ················160

CONTENTS

CHAPTER
4

青春期的尷尬事

為什麼我老是做「春夢」？ ················166

產生性幻想是不是很羞恥的事情？ ········169

怎麼控制性衝動？ ·····················172

裸睡很舒服，但是否會有什麼壞處？ ······175

我都 16 歲了怎麼還尿床？ ··············178

醒著的時候也會遺精嗎？ ···············181

騎自行車對「小弟弟」有壞處嗎？ ·········184

爸爸媽媽在幹什麼？ ···················187

這個「小氣球」是什麼？ ···············190

我不小心進了女廁，太丟臉了！ ··········193

目錄

女孩並不神祕

女孩和我有什麼不一樣？……………………198
男女性格有什麼差別？………………………201
青春期的女孩有什麼變化？…………………204
女孩的生殖器是什麼樣的？…………………207
女孩也會長青春痘和汗毛嗎？………………210
女孩竟然也有喉結！…………………………213
女生上體育課為什麼老是愛請假？…………216
月經來會流出多少血呢？……………………219
為什麼月經來時會很痛？……………………222
女孩為什麼這麼愛照鏡子？…………………225
女孩子的胸部為什麼鼓了起來？……………228
乳房有什麼作用呢？…………………………231
為什麼乳房會有大小之分？…………………234
媽媽的乳房怎麼沒有乳汁了呢？……………237
女生為什麼要戴胸罩？………………………241
「處女膜」是什麼？…………………………244
雌性激素具體的作用有哪些？………………247

男孩不好意思
問的事

CONTENTS

CHAPTER 2

學會愛護自身健康

「小弟弟」和「蛋蛋」應該怎樣呵護？..................252

為什麼外陰那裡要經常清洗？..................255

睪丸受傷了怎麼辦？..................258

「打手槍」是不是一件很骯髒的事情？..................261

自慰對身體有害處嗎？..................264

應該怎樣控制自己，好避免過度自慰呢？..................267

我會得前列腺增生這個病嗎？..................270

男孩也要「護膚」嗎？..................273

我的乳房怎麼也發育了？..................277

男人也會得乳腺癌嗎？..................280

我變成「駱駝」了怎麼辦？..................283

我的眼睛怎麼看不清楚了？..................286

「豆芽菜」身材該怎麼改變？..................289

我該怎樣保護牙齒？..................292

對付腳臭有什麼好辦法？..................295

THE THINGS
BOYS FEEL SHY
TO ASK

目錄

面對誘惑

我偷偷看了奇怪的影片，是不是變成壞孩子了？ ⋯⋯⋯⋯300
我可以抽菸嗎？ ⋯⋯⋯⋯⋯⋯⋯⋯⋯⋯⋯⋯⋯⋯303
朋友過生日，大家可以一起喝酒慶祝嗎？ ⋯⋯⋯⋯⋯306
吸毒究竟有什麼危害？ ⋯⋯⋯⋯⋯⋯⋯⋯⋯⋯⋯309
網路遊戲真刺激，我可以不去上課嗎？ ⋯⋯⋯⋯⋯312
那個新手機真炫，怎樣才可以弄到手？ ⋯⋯⋯⋯⋯315

CHAPTER 1

你的身體正在生長

　　我最近感覺自己變得好奇怪，好多地方都和前段時間不太一樣了，嗓子變啞了不說，身高體重也好像變了很多，去年買的衣服，今年再拿出來，竟然穿不下了，而且更讓我感到手足無措的是，我下面的「小弟弟」好像變大變粗了，這是怎麼回事？我是不是生病了？我不敢和爸爸媽媽説這些事情，也不敢和同學討論，我該怎麼辦？我好害怕啊！

　　小伙子，你是不是也遇到了上面説的這些問題？或者説，你現在正在經歷的事情，和上面説的還不太一樣，但卻也同樣讓你感到害怕、焦慮。

　　不要擔心，其實這些變化都是正常的生理變化，並不是生病了。你現在還小，對自己的瞭解不多，但是等看過了這本書之後，你就會明白這其中的原因。再回過頭來看曾經經歷的一切，你一定會感到十分有趣的。

青春期就是青春危險期嗎？

? 【我有問題】

人們說，青春期是一生中非常重要的一個時期，而在青春期的這幾年中，人的各個方面都會發生非常巨大的變化，那麼青春期到底是怎麼回事呢？

【答疑解惑】

用一句話來概括，青春期，就是你開始具備生育能力的時期。

青春期的標誌，就是你的「小弟弟」等器官開始生長，男孩開始長鬍子，女孩的乳房也開始發育。

青春期之前，你還是一個不折不扣的小孩子，青春期過後，你就是個

成年人了。青春期的生長速度飛快，僅次於嬰兒時期的生長速度。

　　那麼，青春期到底是從什麼時候開始，並且又會到什麼時候結束呢？

　　這個問題還真不好回答，因為連專家們對此也沒有一個明確的答案，只能大概地說，東方女孩的青春期是從 10 歲到 11 歲開始，在 17 歲到 18 歲結束。男孩的青春期開始和結束，通常會比女孩晚上兩年。

　　所以，你很可能會發現，和你同班的女生怎麼長得比你高比你壯。男孩子們，千萬不要想著去欺負她們，因為你很可能會打不過她們！

　　青春期，又可以分為早、中、晚三個階段，一個階段兩、三年。對於女孩子來說，從進入青春期開始，到第一次來月經之前的這段時間就是早期，乳房等迅速發育時便是中期，而且月經第一次來也往往就在這個時候。

　　到了青春期晚期的時候，女孩的身體特徵基本和大人一樣，身體的發育速度也減緩了，一直到不再生長。男孩的青春期早、中、晚期三期基本和女孩一樣，不同之處在於，男孩是不會有月經的，取而代之的則是「遺精」！這個詞，你以前是不是沒有聽說過呢？別著急，關於「遺精」的問題，以後再慢慢講給你聽，不過我想，八成你已經遇到過這樣的情況了。

　　經過青春期的發育以後，男孩和女孩在身體型態上有了比較大的差別，而這在青春期以前是沒有的，從這時起，就出現了男女差異。

　　有的孩子發育早，有的發育晚，這都是正常的。因為有的小孩屬於早熟類型，他們一般就會較早地開始長高，看起來個頭會比同齡層高一截。但是，他們長高的時間，一般不長，所以他們雖然長得早，但是在成年以後，卻不一定還是大個子。

　　晚熟類型的小孩則正好相反，他們剛開始長個子時會比較晚，所以可能在同齡層當中是個「小個子」，但優勢是他們長個子的時間長！所以，

他們成年以後，基本都是大個子，而且都是瘦瘦高高的「竹竿」身材！

還有的小孩，既不早熟，也不晚熟，他們就是平均型的，無論是發育的開始還是結束的時機，也無論是長個子的速度還是幅度，都是一般的。他們沒有早熟的發育早，也沒有晚熟型的發育時間長。

青春期是個夢一樣的時期。有位兒童專家曾比喻青春期是孩子換殼期，就像大龍蝦第一次換殼，把自己的保護殼換掉，一直到新殼長出的時期。青春期時，身體發育伴隨著精神的成熟，會平添很多歡樂，也有很多煩惱，而這正是成人之初的珍貴體驗。

小小提醒

專家們又稱青春期為「青春危險期」，這是因為，男孩進入青春期以後，已經具備了生育能力，在體內一種叫作性激素的物質作用下，會自然地產生對女孩的愛慕之情！這是很正常的現象，但是，如果沒有處理好，就很容易犯錯！所以，進入青春期的小男子漢們，一定要在老師和家長的引導下，學習正確的知識，順利度過青春期。

「小弟弟」怎麼變大了？

❓【我有問題】

以前我的「小弟弟」還很小，可是當我上了四年級的時候，「小弟弟」好像一點一點變大了，這是怎麼回事？好奇怪。

➡【答疑解惑】

這位小男子漢，恭喜你，你已經開始向一個真正的男子漢發展了！你此時身體的變化是正常現象，是因為你的「小弟弟」正在走向成熟！

大人們給「小弟弟」還有它下面的「蛋蛋」取了一個正式的名字：生殖器。你將來結了婚想要有小孩，就是要靠它們。

接下來就讓我們一起來逐認識一下它們，不要害羞！

　　男子的生殖器分成內外、兩部分，內部主要是睪丸，它就躲在你的「小弟弟」下面那個口袋裡，包裹著它的，滿是皺紋的皮膚，大名則是「陰囊」。

　　「小弟弟」的大名叫作「陰莖」，它可是有很大用處的，在男女性交的時候，將精子送到女子體內，就要依靠它！而且，對於男孩來說，在尿尿的時候，也得依靠它。所以，對於男孩子來說，這個「小弟弟」可是非常重要的！

　　「小弟弟」最前端的那個部位，也有一個名字，叫作「龜頭」，包著它的那塊皮膚叫作「包皮」。

　　你現在一下聽了這麼多前所未聞的詞，是不是有點迷糊？

　　其實，知道它們的名字還不是重點，你要清楚的，是從你出生後就一直在沉睡的它們，直到現在才開始醒來！在接下來的幾年裡，它們的個頭都會長大很多，長到和大人的一樣！大人們的是什麼樣呢？如果你和爸爸去過浴池洗澡，那你就應該知道大人們的到底是什麼模樣了。

　　所以說，「小弟弟」有變化了不是病，沒變化那才有問題呢！

　　還有一點需要補充，那就是隨著「小弟弟」的長大，「龜頭」上的「包皮」會向後退，它的下面會積存一些髒東西，味道臭臭的，很不好聞，所以，注重衛生的小孩都要注意，這個地方需要你們經常用水清洗一下，就像每天要洗臉洗腳一樣，「小弟弟」也要每天呵護！

小小提醒

有的時候男孩子可能會發現龜頭那裡突然紅腫了起來，而且還感覺很癢，然後，這些剛進入青春期的男孩就慌了，以為自己生病了，很害怕又不敢問老師和家長，只能獨自一個人傷心著急。

其實這並不是生病，而是陰莖這裡的衛生沒有做好，比如冠狀溝裡的包皮垢積存多了，導致細菌繁殖，造成龜頭的紅腫、瘙癢，只要進行及時的清洗，並且平時注意「小弟弟」的衛生就會好了。

勃起時「小弟弟」怎麼偏向一側？

? 【我有問題】

我突然發現，我的「小弟弟」在勃起的時候，有時會偏向左邊，而不是朝向前方，這是不是得了什麼奇怪的病？我要怎麼辦？

➡ 【答疑解惑】

其實這是一種正常的現象，大部分男孩都會遇到這樣的情況，即「小弟弟」不是直直地向前，而是偏向一邊。那麼，這是什麼原因造成的呢？

我們知道「小弟弟」，也就是陰莖是由一條尿道海綿體，和兩條陰莖

海綿體組成的。「小弟弟」之所以會勃起，會比平時粗大好多，就是因為海綿體中充滿了血液。

而在勃起時起作用的海綿體是成對存在的，即左邊一條右邊一條。如果左右兩邊的海綿體本身大小就不是一樣的，那麼在充血之後呈現的體積也就會不一樣大，如果左邊的大一些，那麼你的「小弟弟」就會偏向右側。相反的，如果右邊的大一些，「小弟弟」就會偏向左邊。

一些醫學專家對成百上千位的男性進行觀察和統計之後，得出這樣的結論：

經常用哪邊的手去觸摸你的「小弟弟」，哪一邊的海綿體相對於另一邊而言，就會發育得比較快；然後，這一邊於勃起時就會更大一些，你的「小弟弟」也就會偏向另一側。

想一想你平時的習慣，小便的時候，你是習慣用哪隻手去扶著「小弟弟」？如果是右手，那麼「小弟弟」於勃起時是不是有點偏向左邊呢？

正因為我們大多數人都是「慣用右手者」，做什麼事情用右手比較多，上廁所也不例外，所以大部分偏向一邊的「小弟弟」都是偏向左邊的，極少數才會偏向右邊。

如果你實在介意「小弟弟」總往一邊偏的話，那不妨注意一下，下次在上廁所的時候，改變一下以往一直用同一隻手的習慣，而是左右手交替使用。這樣左右兩邊的海綿體就會同樣茁壯成長，充血勃起的時候也會同樣大小，就不會往一邊偏了。

說的「小弟弟」往左右偏，是指在勃起的時候，從上面往下看的情況。還有的小男孩很關心從側面看時「小弟弟」的角度。「小弟弟」在勃起的時候會筆直伸出，和身體型成一定的角度。有的人在勃起時陰莖會翹得比

較高，而有的人則是基本水平，不高也不低，還有的人勃起的陰莖會稍低於水平面。

　　這些情況都是正常的，無論「小弟弟」翹得高還是低，這些都不能代表什麼，不過只是些正常現象罷了。

小小提醒

　　有的小男生懷疑自己的「小弟弟」往一邊偏，是和自己穿了比較緊的內褲有關，覺得「小弟弟」可能是被正前方向的內褲限制住了，久而久之就長偏了。

　　根據現在的醫學研究結果看，這樣的說法並沒有什麼根據，雖然如此，但是一個處在青春期的男孩，陰莖正處在快速發展的階段，最好還是不要穿比較緊的褲子，這樣才能給「小弟弟」一個較為寬鬆自由的生長空間，不是嗎？

「小弟弟」為何會突然「挺立」？

❓【我有問題】

「小弟弟」挺神奇的，平時軟軟的低著頭，有時候卻會變得粗又大，還挺立著，好像一根棍子。這是怎麼回事呢？

➡【答疑解惑】

要解決這個問題，得先瞭解一下「小弟弟」的結構。

「小弟弟」平時看起來像一條粗繩子，它是由三條海綿體組成的，分別是兩條陰莖海綿體，和一條尿道海綿體。陰莖，還記得吧，就是你「小

弟弟」的大名。海綿體，光聽這名字就會覺得很柔軟，事實上也是如此，所以平時都是軟軟下垂著的。

那麼為什麼有時又會變得又粗又大呢？

其實，在這幾條海綿體裡，有好多好多的空隙，這些空隙和血管相連。平時這些空隙都是空著的，但是如果當裡面充滿了血液，就會讓你的「小弟弟」變大、變硬，同時從下垂的姿態，改為「挺立」了。

無法理解嗎？

想像一下，當你拿著一個扁的、長條形的氣球在手中時，它是不是軟軟垂著？然而當你吹足了氣，也就是讓它裡面充滿空氣時，它是不是就變大、變硬了，同時也能夠直立起來了呢？

「小弟弟」的這個挺立的過程，叫作勃起。

會出現這個狀態，是為和女人進行性行為，也就是為性交做準備，因為只有變硬的「小弟弟」，才能更容易插入女性的陰道當中。當然關於這些都是後話，後面我們會詳細介紹。

也許你又會問了，那為什麼「小弟弟」有些時候就會充滿了血液，有些時候又是空空的，這是由什麼決定的？

這樣的情況，是由你自己的神經控制的。

進入青春發育期以後，當一個男孩接受到和性有關的刺激時，比如看見漂亮的女孩，看到電視上親密的男女動作，或者是閱讀了書上關於愛情等方面的描寫，就會自動指令身體做出反應。讓「小弟弟」充滿血液，進而「站」起來，這是身體的本能反應之一。

那麼「本能反應」又是什麼意思呢？本能反應就是說你自己可能並沒意識到要這樣做，但是你的身體已經自動做了。比如在強烈的太陽光下，

你會自動瞇上眼睛，這就是本能的反應。

同樣的，陰莖的勃起也是男人的一種本能反應，無論你是一、兩歲的小孩子，還是七、八十歲的老爺爺，都會出現勃起現象，當然，年齡不同，勃起的程度以及頻率也就不一樣。

一般來說，進入青春期的男孩，一晚會勃起六次左右，每次會持續20分鐘到半小時。這種頻率會一直保持到中年，隨後開始逐漸降低。到了65歲，如果你很健康的話，那麼每晚還會有幾次勃起。

所以，當你睡到半夜一覺醒來，發現原本柔軟的「小弟弟」卻悄然挺立了，不用擔心，因為這是正常現象。

小小提醒

有一種勃起的情況比較特殊，不知道你有沒有注意到，那就是在清晨時分，當你睡得正香的時候，突然被尿憋醒了，在你起身的同時會發現，「小弟弟」此時已經「昂首挺立」，那這又是怎麼回事呢？

經過一夜的時間，你的體內，也就是膀胱裡充滿了尿，滿滿的膀胱對外產生了壓力，而離它不遠的陰莖便受到了刺激，進而出現勃起現象。醫生們給這種現象取名為「清晨勃起」，簡稱「晨勃」。

當你去廁所將累積一夜的尿液酣暢排盡之後，你會發現，「小弟弟」又悄然恢復了常態，不再挺立了。

「小弟弟」怎麼比別人小？

最近在上廁所的時候，無意間看到了同學們的「小弟弟」，我發現自己的好像比他們的都還小……

將來是不是會有什麼問題？

【答疑解惑】

作為一個男孩，如果沒有和同班同學比過「小弟弟」的大小，甚至根本就沒在心裡思考過這個問題，那是不正常的。出現對比的想法，這是很正常的現象，你不要因此而感到羞愧，基本上小男孩們都是這樣的。

有專家表示，他們接到所有提問的讀者來信當中，其他問題加起來，

也沒有關心「小弟弟」大小的問題多！比大小沒什麼，但是如果產生「誰的小弟弟大誰厲害」「誰的小弟弟小誰就不厲害」的想法，那就錯了。

　　首先做一下科普，正常的「小弟弟」到底應該有多大呢？對於一個成人來說，平時，他的「小弟弟」應該有 7 公分到 9 公分長。在勃起的時候，則會有 11 公分到 16 公分長。而能達到 16 公分長的男人有多少？這麼說吧，大概每 100 個成年男人當中，只有 1 個人達到了這個尺寸。

　　「小弟弟」這東西，不像你的身高，它是有兩個數據的，即平時和勃起時。而你在和別人進行比較時，基本都是它處在自然狀態時，比如是在你尿尿，或在洗澡的時候。

　　有一個問題很關鍵，就是它將來派上用場時，是處在勃起的狀態。所以說，比較平時的大小，從根本上是沒什麼意義的！

　　再告訴你一個專家們發現的規律：有些男人「小弟弟」平時較小，所以勃起時增長的幅度就比較大，而平時就已經較大的，勃起時就不會增長太多。所以即便是平時「小弟弟」比較小的，也根本不用苦惱，因為你的潛力比較大。

　　青春期是「小弟弟」生長的黃金期，但是有的小孩發育早，有的則發育晚，所以，就算現在可能是小了一點，但是將來還不一定呢，也許就會長大了。因為它的生長才剛剛開始！

　　最後，「小弟弟」在將來派上用場時，也就是進行性行為時，它是大還是小，並沒有什麼決定性的作用。

　　所以，現在你可以徹底放下心來了吧。

　　總而言之，一個人的「小弟弟」大小，就像人和人之間存在身高的高矮，每個人的手腳都有長短一樣，也是存在差異的，畢竟它不是工廠統一

模式加工出來的產品，即使是一萬個也會大小絲毫不差。

其實，大小這項差異，根本就沒什麼實質性的作用，也就是說，它大也不代表哪方面厲害，小也不代表不厲害。所以，你大可不必為此而擔心。

小小提醒

即便是同一個人，「小弟弟」的大小也是不穩定的——我不是說勃起時和平時，我說的是都在沒勃起的自然狀態下，大小是會變化的。

「小弟弟」本身是由三條「海綿體」構成的，脹縮性很大，真的像海綿一樣。有一些因素，比如緊張、寒冷、恐懼，還有極度疲勞，都會造成「小弟弟」的體積看起來縮小了。而當這些因素消除以後，它又恢復了原來的狀態。

但是，如果就在它因為冷而變小的時候，你和別人比大小，又因為自己的比別人小，而從此產生了自卑的想法，那是不是很傻的一件事呢？

「包皮」有什麼作用？

? 【我有問題】

「小弟弟」的最前面有一塊活動的皮膚，好像能翻來翻去的，那是什麼東西？有它存在很不方便，它有什麼用嗎？

➡【答疑解惑】

這塊皮膚，叫作包皮。你的「小弟弟」最前端的部分，叫作龜頭，因為龜頭上的皮膚很薄，且神經細胞又很多，所以非常敏感。因此在龜頭的外面才會又長了一塊雙層的皮膚來保護龜頭，這塊皮膚就是包皮。

一個小男孩在青春期以前，「小弟弟」一直沒有發育，還處於很小的狀態，這時的包皮會完全將龜頭包在裡面，所以平時龜頭是不會露出來的。

　　然而，在進入青春期以後，小男孩的「小弟弟」開始發育，不斷長大，龜頭也在不斷地膨脹，正常的「小弟弟」會在勃起時呈現出前後一般粗的狀態，甚至有些人前段還會比後面粗一些，這個粗一些的前段，就是膨大的龜頭。

　　當「小弟弟」勃起的時候，靈活的包皮就會自動退縮翻過去，將龜頭完全露出來。這個過程是自動的，但是有些男孩的包皮比較長，即便是在「小弟弟」勃起的時候，包皮也不會自動縮回去，所以龜頭也就無法自動露出來了。不過在這個時候，還是可以用手將包皮翻過去，將龜頭露出來的。這樣的情況，被稱作包皮過長，不過這是完全不影響正常生理功能的。

　　然而，還有一些男孩的情況就不那麼簡單了，他們的包皮不僅很長，前面的開口還很小，以致於當龜頭變大時，因為過長包皮的束縛，無法從裡面露出來，即使用手幫忙也不行。這種情況，就叫作「包莖」，就是包皮包住了陰莖的意思。

　　龜頭是否露出來，這和將來進行性行為時的感覺有關係，總而言之，不露出來是不行的。所以，如果你發現自己是「包莖」，那就應該去醫院看看了，醫生會用手術刀將多餘的包皮切除，這樣被困在裡面的龜頭就解放了，外面就沒有多餘的皮膚包裹。

　　其實，包皮的存在，本來就是一件既有好處，又有壞處的事情。先說好處，前面已經說過，龜頭上皮膚又薄、神經又多，所以非常敏感，可能稍稍一碰就會有大反應。想像一下，如果你「小弟弟」的龜頭沒有了包皮的保護，而是直接和大腿還有內褲接觸，可能每走一步路、每抬一下腿，就會摩擦刺激龜頭，是不是很不方便呢？

　　另外龜頭不僅敏感，還很脆弱，直接暴露的話可能會成為細菌病毒攻

擊的對象，然而外面有包皮的保護就不一樣了，它就好像是讓龜頭穿上了防彈衣一樣。

當然，包皮的壞處也很明顯，進入青春期以後，包皮好像一個小小的皮囊，容易積存一些「包皮垢」。尤其是龜頭的最後面，有一條淺淺的溝，名叫「冠狀溝」，這裡更是「包皮垢」們的大本營。

「包皮垢」是怎麼來的呢？包皮這裡的皮膚也會分泌一些淡黃色油性物質，它們和皮膚上的一些灰塵，還有小便時殘存的尿液混合在一起，就形成了「包皮垢」。

包皮垢這東西味道很不好聞，臭臭的，而且包皮垢還是有害細菌們喜歡的家園，如果累積多了，很可能會成為得病的隱患，如龜頭發炎等。

所以說，包皮的存在有利也有弊，如果不是包皮過長或者包莖，不用去做手術切除的話，那就要在平時多多注意一下，晚上回到家的時候，時常用手將包皮翻開，用清水將包皮裡面清洗乾淨，不要讓這裡積存包皮垢，這樣不僅可以預防發炎，還能保持乾淨衛生。

小小提醒

嬰兒時期出現包莖是正常的，這個時候不管是出現了包莖，還是包皮過長，都不用去處理。因為嬰兒時期的陰莖還沒有發育，大部分的男性在嬰兒時期時都有包莖的情況出現，不過，在經過青春期的發育之後，便會恢復正常。

我是不是尿床了？

？【我有問題】

今早一覺醒來後，我發現自己的內褲和被褥上都出現了白色的、黏糊糊的髒東西，聞起來還臭臭的，這是怎麼回事啊？我不記得自己做了什麼事情，丟臉死了，這是不是尿床了？簡直太丟臉啦！

➡ 【答疑解惑】

其實這就是在前言中曾經提到過的「遺精」，是每個在青春期的男孩子都會出現的正常現象，一點都不「丟臉」。

所謂遺精，又叫夢遺，就是在睡夢當中，精液自己從「小弟弟」裡流出來。男孩進入青春期以後，睪丸就會產生一種叫精子的東西，這個東西

是和生育有關的，而睪丸的這個能力會一直持續到你年老的時候。

精子再加上別的一些液體就形成了精液，儲存在體內，就像水池子裝滿了水，多餘的水就會湧出來一樣，儲存的精液很快就滿了，自然也就會在你睡夢中，沒有意識到的時候，自己「偷溜」出來。古人說「精滿自溢」，就是這個道理。

如果你是幾天發生一次，幾週發生一次，或者是幾個月發生一次，都屬於正常現象。但如果是很頻繁地遺精，比如一週好幾次，甚至一晚上好幾次，那你就要去醫院問問醫生了！

另外還有一件事很重要，要知道並不是所有進入青春期的男孩都會遺精。有專家做過統計，有十分之一的男人，一輩子都沒有出現過遺精的現象，這也沒什麼不正常的，他們也都順順利利地過了青春期，從一個小男孩變成了一個健康、成熟的男人，一點異常都沒有。

無論有沒有過遺精，都是一件正常的事，也沒有什麼值得丟臉的。所以，剛進入青春期的小男子漢們，不用為發現自己有了遺精的現象而憂心忡忡，成天愁眉苦臉像個小大人似的。

如果你實在想避免它，這裡有一些方法，可以幫你和遺精說再見：

首先，睡覺的時候，你要注意別穿過緊的內褲、睡褲，也別仰面朝天地睡，要側臥著睡，這樣衣物、被子就不會刺激你的「小弟弟」，也就不會遺精了。

其次，要養成良好的生活習慣，和菸、酒、咖啡、蔥、蒜等刺激性的食品說拜拜。

第三，學會消除頭腦中的雜念，黃色書刊、黃色電影等不健康的東西要離得遠遠的，要透過正當的途徑，比如看本書來瞭解性知識。

　　最後，晚上睡覺前，最好別洗熱水澡，如果你家夠暖和，或者你真的不怕冷的話，可以洗冷水澡。

小小提醒

　　其實，面對遺精，最強大的敵人還是自己的內心。

　　用個嚇人的詞來形容，就是你一定要學會戰勝「心魔」，正確地看待這個現象，認識到這是一種正常的生理現象，而不是見不得人的事情，從心理上戰勝它，這才是最重要的。

　　對於男孩來說，這本是一件應該高興的事，因為遺精正是男孩子進入青春期的標誌之一，這標誌著一個小屁孩即將消失，一個男子漢即將誕生，所以，為什麼不開心一點呢？

下面的「蛋蛋」是什麼？

> ? 【我有問題】
>
> 　進入青春期以後，長在「小弟弟」後面的「蛋蛋」也在長大！它是什麼，又是起什麼作用的呢？

➡ 【答疑解惑】

　「蛋蛋」的大名，叫作睪丸，外面裝著它的那個「皮囊」，大名叫「陰囊」。

　其實，對於大多數男孩來說，從外表上來看，進入青春期的標誌，正是睪丸和陰囊的開始發育。

　在孩提時代，小男孩的睪丸可能只有花生米大小，且一直沒有大的變

化。而到十幾歲時，睪丸和陰囊率先開始發育，體積變大，陰囊的皮膚開始變薄，變得更加鬆弛，它的顏色也開始變紅或者變黑。其他部位也緊隨其後，「小弟弟」開始長大，變得更粗更長，「小弟弟」的根部也開始生出茸茸的毛髮，這就是陰毛。

那麼，睪丸有什麼作用的呢？

睪丸是男性最主要的生殖器，男性的生殖細胞——精子，就是由睪丸產生的。此外啟動青春期的雄性激素，也是由睪丸分泌的，它是男性獨有的器官，女性是沒有睪丸的。

睪丸是一個球狀體，共有兩顆，由陰囊包裹著，躲在你的「小弟弟」的後面。陰囊裡除了主要的部分睪丸以外，還有副睪、精索等一些小配件，它們也很重要，有著輔助產生精子、儲存精子、運輸精子等作用。

既然睪丸有如此重要的作用，而它又是在青春期才開始發育生長的，那它最終會長到多大，才算正常呢？

在 10 歲以前，也就是還沒有發育的孩提時期，睪丸的體積大約是 1 到 3 立方公分。進入青春期以後這個數字會翻好幾番，到了 18 歲時，睪丸已經長得和成年人的差不多大小了，體積一般是在 12 到 25 立方公分之間。並且，這個大小會一直持續到中年才結束。進入老年以後，差不多是在 60 歲左右，睪丸的體積便會有所縮小。

從上面的數字可知，長成的睪丸大小，跨度很大，從 12 立方公分到 25 立方公分，已經翻了一倍。當然這是一個涵蓋所有人的跨度，體積能夠達到 20 幾立方公分的睪丸是非常少見的。

所以，不用擔心自己的「蛋蛋」太小，只要你能超過 12 立方公分，就說明你的「蛋蛋」發育良好。而不到 12 立方公分的睪丸，也是非常少見的。

所以你大可以安心。

　　睪丸有兩顆，一邊一個，基於這一點，有些小男孩便會在擔心睪丸的大小之後，開始關心起兩邊的「蛋蛋」是否一樣大了。然而在經過他們的觀察對比之後，發現兩邊竟然不是一樣大，這時候就會有人開始胡思亂想，覺得自己可能是得了什麼病。

　　其實這樣的擔憂根本就是毫無必要的。我們一般以對稱為美，人體基本也是對稱的，從鼻梁到肚臍眼畫條線，一邊有一條眼眉、一隻眼睛、一個鼻孔、一條手臂、一條腿。

　　其實要是仔細測量起來，人體的兩邊並不是完全對稱的，比如人的兩隻眼睛就不是完全一樣大，只是這種差異很小，我們肉眼分辨不出來罷了。

　　睪丸也是同樣的道理，即便是正常人的睪丸，左右兩邊也不是同樣大的，而是存在一定的差異。只要這個差異處在一個正常的範圍，且整個睪丸的體積也在正常的範圍，就是正常的，不會影響健康，也不會影響以後的結婚生子。

　　其實，只要你仔細觀察，就會發現，左右兩顆睪丸不止不是一般大小，還不是一般高低。一般來說，左邊的略低一些，會比右邊的低約 1 公分。

小小提醒

　　你有沒有發現，進入青春期以後，「蛋蛋」除了變大以外，上面還生出了毛髮？那其實是陰毛的一部分，陰毛可不是只長在「小弟弟」的根部那裡，陰囊上，還有肛門的周圍，都是陰毛們的地盤，它們有著排汗、保護等作用，所以，不要輕易拔除。

睪丸為什麼會長在體外？

？【我有問題】

人的睪丸為什麼沒有長在身體裡，而是孤零零地懸在體外呢？

➡【答疑解惑】

有的人說，長在體外的睪丸，只有一層薄薄的皮膚保護著，很容易受到傷害。

睪丸對男性來說是非常重要的一部分，那它為什麼不直接長在身體裡，這樣不是還可以避免很多的傷害嗎？

這樣的說法有一定的道理，但是我們人類存在於地球上已經千百萬年，睪丸長在體外，也肯定是有它的道理的。至於這其中的道理，就要從睪丸

的功能說起了。

　　睾丸是男性的最主要的生殖器，主要分泌雄性激素和男性的生殖細胞精子。這個器官需要一個最好的工作溫度，就好比我們都喜歡和煦的春天一樣，因為春天的溫度最舒服。

　　那麼哪個溫度對於睾丸來說是最舒服的呢？

　　生理專家們通過多次實驗後發現，35℃是睾丸最喜歡的溫度，只有在這個溫度，睾丸才能最好地發揮自己的功能，正常地產生精子和雄性激素。

　　我們都知道人的正常體溫是37℃，低於這個溫度，人體的其他器官就會覺得冷，而高於這個溫度，就表示人已經發燒了，會更受不了。但是人體的正常溫度，對於睾丸來說卻顯得太高了，睾丸如果生在體內，也就是生活在37℃的環境中，會熱得受不了，進而沒有辦法完成產生精子和雄性激素的任務。

　　曾經有專家做過的實驗驗證了這個結論，他們讓睾丸處在溫度較高的地方，然後觀察產出精子的質量。結果發現，這樣的環境睾丸即便能產生精子，精子的質量也很低。

　　所以，在千百萬年的進化過程中，男性睾丸最終選擇了長在體外，而不是留在體內，就是要為自己選一個良好的「工作環境」。

　　其實，男人的睾丸，並不是一直待在體外的。當它們還是一個胎兒，在媽媽的肚子裡的時候，睾丸形成以後是在身體裡的腹腔後面。隨著胎兒漸漸發育成熟，睾丸也才慢慢地下降。

　　十月懷胎，一朝分娩，等胎兒出生來到這個世上之後，睾丸就已經下降到了體外為它們準備好的新家陰囊中了。

　　不過這是屬於一般情況，也有很少的一部分嬰兒在降生的時候，還有

一側，或者是兩側的睪丸都沒有降落到陰囊內，仍然留在體內。他們中的絕大部分，會在出生後的一年內，實現睪丸的降落。

小小提醒

有的小男孩發現自己的「蛋蛋」上有一條「縫」，從前面挨著「小弟弟」的地方開始，一直延伸到後面肛門附近，將睪丸分成兩部分。

這個「縫」名叫陰縫，正常的男性都會有，只是有的人明顯，而有的人不明顯罷了。那麼它是什麼時候出現的呢？這歷史可就早了，當你還在媽媽肚子裡發育時，它就有了，並會一直伴隨著你。

所以，不用為此感到大驚小怪。

「蛋蛋」怎麼不見了？

⑦ 【我有問題】

昨天學校舉行戶外游泳活動，下水前換衣服的時候，我忽然發現「蛋蛋」好像變小了很多，幾乎沒了！這是怎麼回事？和昨天天氣比較冷有關嗎？

➡ 【答疑解惑】

不要驚慌，這不過又是一種正常的生理現象，是你的「蛋蛋」在根據環境的變化，而進行的自我調節。

前面我們已經說過了，「蛋蛋」也就是睪丸，它需要一個舒適的溫度環境，只有在 35℃ 左右時，才能正常工作。所以，它才沒有躲在身體裡面，

因為那裡有 37℃，對它來說太熱了。

這是睪丸在躲避過熱的環境，那麼你有沒有想過，如果是過冷的環境，「蛋蛋」又怎麼辦呢？

我們人感覺到冷了便會加衣服，或者找個暖和的東西守著，比如火爐、暖氣。但是睪丸沒有衣服，又找不到暖氣，所以它就只好透過其他的方法來躲避寒冷。睪丸其實也有自己的一層「外衣」，就是陰囊。如果它感覺到了冷的時候，比如暴露在寒冷的空氣中，或者在你洗冷水澡，或者進行冬泳的時候，它都會馬上做出反應，即立刻收縮血管。

由於睪丸中充滿大量的血管，一旦血管收縮，睪丸的體積也就自然而然地收縮變小了。它就是透過這種方法，來達到保溫效果的。

這樣，你從外觀看，睪丸的體積確實小了，可能還感覺「不見了」，但其實它並沒有不見，只是縮回體內去「避寒」了。如果這時候你伸手摸一下的話，還會發現它比平時硬了不少呢！

這是因為平時沒收縮的時候，陰囊的皮膚比較鬆弛，摸上去有移動、扯來扯去的空間，所以就感覺它很柔軟；但現在都收縮在一起了，所有的皮膚也都聚在一起，沒有了活動的空間，所以就會感覺硬了許多。

其實「蛋蛋」還是那個「蛋蛋」，一點變化都沒有。等溫度升高了，一切都會恢復原樣的。這是一種暫時的「蛋蛋」不見了。然而，還有一種「不見了」卻不是暫時的，如果出現這種狀況，可千萬別大意，一定要重視。

我們前面說到了，當你們還是媽媽肚子裡的胎兒的時候，「蛋蛋」是留在體內的，後來隨著發育，「蛋蛋」逐漸下降，出生時就已經下降到了陰囊當中，這是正常的情況。然而，在現實生活中，有極少數的男孩，這個正常的生理過程並沒有順利實現，他們的睪丸沒有按時出現在陰囊當中，

這種情況，就叫作「隱睪」。

為什麼會發生這種情況呢？原因可能有兩方面，一方面是雄性激素不夠多，另一方面，可能是睪丸附近的一些小器官發育不良，比如輸精管過短、陰囊過小等，總而言之，睪丸在前往它的新家，也是永久的家——陰囊的路上，停了下來，並沒有成功到達自己的家中。這種情況可不是正常的生理反應了，這是一種病，一旦出現了這樣的情況，就要到醫院去找醫生看看了。

不過，這裡介紹的這種病症，它的發病率是相當低的，在五千個新生男嬰中，才會出現一個這樣的情況。所以你大可不必擔心自己得了「隱睪症」。

小小提醒

如果是因受涼而導致「蛋蛋」縮小，一定要馬上幫它「保暖」。青春期的小男生都比較注意形象，容易做出「要帥度不要溫度」的事情來，但是要知道，你的「蛋蛋」可是很脆弱的，所以，一定要注意保持「蛋蛋」的溫度，尤其是在冬天，要多穿衣服，可別讓它長時間處於寒冷狀態！

為什麼我會長青春痘？

？【我有疑問】

最近臉上冒出來不少痘痘，這就是傳說中的「青春美麗痘」嗎？為什麼我會長這種痘痘？

➡【答疑解惑】

沒錯，是青春痘，鑑定完畢。青春痘，因其生在青春期而得名。

為什麼人會有青春痘呢？很簡單，青春期是一個人生長發育的黃金時期，在這個時期中，人體的各個系統，都在高速生長，毛髮也是，前面已經說過了，在青春期，人體會生長出一些原來沒有的毛髮。

這樣，就會有一些多餘的油脂，堆積在皮下的毛囊中，時間久了受到

細菌的感染、發炎，拱到了皮膚表面，也就成了青春痘。

可能你也注意到了，你身邊有的同學即使一直到青春期過去了，也沒有長過痘痘，那臉蛋簡直像剝了殼的雞蛋一樣光滑，這是為什麼呢？

其實，這也是正常的現象，因為不是每個青春期的男孩都會長痘痘的，你一定也不喜歡它們，更不希望它們出現在臉上。既然如此，那你就要照著以下建議去做了！

要跟早睡早起，和熬夜、睡懶覺都說拜拜。早晨、晚上洗臉時，注意用溫水洗乾淨臉部，把灰塵之類的髒東西一掃而光，不給痘痘生長的機會。

飲食上也要注意，不吃刺激性的食物，包括辛辣的東西，還有咖啡、濃茶、巧克力、菸酒等等，對了，還有富含油脂的東西，比如香噴噴的肥肉，也少吃。

仔細想想，我們為什麼會長痘痘呢？就是因為你的皮膚下面累積了過多的油脂，如果不想長痘痘，那就一定不要再吃含有太多油脂的東西了。

有些東西要少吃，有些東西則要多吃，比如蔬菜、水果，這些東西吃進肚子裡，就好像清潔工一樣，會帶著你體內的髒東西一起排出來。你想想，要是這些髒東西不這麼排出來，而是從臉上拱出來……哇，想想都噁心得快吐了，是不是？

所以，為了你的臉蛋，請暫時和這些食品說拜拜，張開你的雙臂，擁抱蔬菜和水果吧！

如果，你已不幸中招，青春痘已經不請自來，那也不用害怕。持續每天做到以上這些很重要，同時，還有一點更重要的，那就是要好好管住自己的手！

不要用手去摳、擠、壓你的痘痘，你以為將它們摳掉就沒事了嗎？皮

膚下面的多餘油脂還在，它們還會繼續冒出來的。另外，你把痘痘摳破了，那個地方以後就會形成疤痕、斑點、坑洞……而且還是一輩子的，想去都去不掉。所以，管住自己的手吧，用手去摳，只會適得其反。

其實，對付痘痘，你的心情也很重要，簡單地說，就是別把它放在心上。長了痘痘，也別慌張，不用搭理它就行了，說不定過了幾天，就在你把它忘了的時候，它自己就悄悄消失了。心情好，痘痘少，錯不了的！

小小提醒

你經常在嘴邊上冒出青春痘嗎？這也有可能是你的牙膏惹的禍。

牙膏中一般含有氟化物，這是容易誘發青春痘的物質，所以，每次刷完牙時一定要注意，擦乾嘴邊殘留的牙膏，或者，乾脆換一款不含氟的牙膏吧！

嗓子上的大包是什麼？

？【我有問題】

爸爸的喉嚨上有個鼓起來的「包」，一說話就會上下移動。媽媽就沒有，我也沒有，這是怎麼回事？

➡【答疑解惑】

那個「包」，大名是喉結，是男人特有的標誌之一。你現在還沒有，別著急，等你過完青春期就有了。

人的喉嚨，是由 11 塊軟骨組成的，這其中有一塊最重要的，也是體積最大的，叫甲狀軟骨。到此為止，男人女人的結構是一樣的，剛出生時都是如此，然後經過發育成長，大概到 5、6 歲時，開始發育成熟。

不過，進入青春期以後，男孩甲狀軟骨的一個部位，在身體裡雄性激素的作用下，又開始長大，並且向前突出。從外觀看，就是你說的那個包。而女孩，即使進入青春期以後，甲狀軟骨也不會發育，更不會突出來，所以也就不會長出喉結了。

男孩的喉結生長，還和聲帶的發育有直接關係。青春期的男孩會經歷一個「變聲期」（關於變聲期，後面會有詳細的介紹），變聲期以後，男孩子說話的聲音有了很大的變化。

你有沒有發現，小男孩和小女孩的嗓音其實是非常相似，都是又尖又細的。然而，在男孩子長出了喉結以後，嗓子的粗度就會足足增加一倍，再發出的聲音也變得粗而低沉起來。這是為什麼呢？

你有沒有聽過吹笛、吹簫？笛子和簫都是細細的，吹出的聲音也是尖細的；而大號、薩克斯等樂器相對來說要粗了很多，它們吹出的聲音也低沉了很多。人的嗓音尖細低沉也是這個道理。

人們總說，事物的存在，必然有其存在的道理。比如牙齒，用來嚼碎食物，比如耳朵，用來接收聲音。

那麼，從生理的角度上看，喉結這個部位有什麼生理功能嗎？很遺憾，喉結沒有，它什麼實際功能都沒有，但是它卻還是存在著，它的作用就是讓男孩的聲音變粗，成為男子獨有的特徵之一。

小小提醒

　　每個人都有喉結，但是不是每個人的喉結都會突出來，男人也是。所以，如果你發現自己過了青春期，還沒有突出的喉結，也不用擔心，這也是正常的。

　　醫生們根據臨床經驗，得出的結論是，喉結突出與否，對男性並沒有任何實質性的影響，許多健壯的運動員喉結就不明顯。

　　知道了這些之後，你還擔心嗎？所以，就算真的不突出也不用擔心，本來喉結就沒什麼生理功能，不突出就不突出吧！

我的嗓子怎麼突然啞了？

? 【我有問題】

莫名其妙我嗓子就啞了……之前都好好的，也沒大聲喊過啊。好幾天了也沒好！

➡ 【答疑解惑】

恭喜你，你這是進入了「變聲期」！

什麼是「變聲期」呢？就是你的聲音，從稚嫩的童聲，轉變為成人聲音的一個過程，這是人成長的必經階段，男孩女孩都是如此。過了這個階段以後，男孩的聲音會變得低沉而渾厚，而女孩的聲音則變得更加高亢而尖細。那麼，為什麼在變聲期的這個階段，嗓子會突然變啞了呢？

這需要從人的嗓子結構說起。

你也許已經在物理課上學到了，一切聲音的發生，都來自振動，而人的說話聲，是來自聲帶的振動。聲帶就長在你的喉嚨裡，分為左右兩邊，中間留下的空隙，叫作聲門。

在肌肉的控制下，兩邊的聲帶可以拉緊，或者放鬆，這樣中間的聲門也就可以擴大或者縮小，從這裡呼出的空氣發聲，也就有了強弱高低的區別。

進入青春期以後，在雄性激素的刺激下，男孩子的喉頭快速發育，逐漸形成了喉結，與此同時聲帶也不斷變大、增長、增寬和增厚。

一個幼童的聲帶只有 6 到 8 毫米長，然而到了青春期，男孩的聲帶會增長到 20 到 24 毫米，同時還增寬、變厚。

而女孩的聲帶會增長到 15 到 18 毫米長，相對來說要窄一些，所以，男人的聲音才會比較低沉，而女人的聲音比較尖細。

但是，也就是在這個長大的過程中，聲帶容易出現腫脹，或者充血的現象，這樣一來，透過控制聲門大小來發聲的功能就會受到一定的影響，發出的聲音也就會嘶啞了。這就是你進入變聲期，嗓子突然啞了的原因。

除了嗓子啞以外，其餘的表現還有高低音域變窄、發音疲憊、嗓子不舒服等等。

這是每個男孩的成長都會經歷的一個階段，也就是說，對於男孩子來說，在青春期都會有一段聲音嘶啞的階段，這是不可避免的。

那麼「變聲期」會有多長呢？這又是一個因人而異的問題，但一般來說都會持續半年，甚至一年。

不可避免，時間又很長，怎樣才能好好度過這個時期呢？要知道，在

這個時期裡，你的嗓子是非常脆弱，非常容易受到損傷，很可能還對將來你的聲音產生決定性的影響。如果你想擁有一副好嗓子，那就要在這個特殊的時期注意以下幾個方面。

有些東西就要少吃了，比如油炸花生米、爆米花、大顆粒的堅果等等，這些東西的共同特點是硬，且比較乾，吃下去在經過喉嚨的時候，有可能劃傷脆弱的聲帶等部位，所以，這些東西要儘量少吃。吃別的東西時也要注意細嚼慢嚥，尤其是吃魚類，要小心魚刺劃傷喉嚨。

另外，還有一些刺激性的東西，比如辛辣的東西、油膩的東西，也最好少吃，這些東西會對嗓子造成刺激。

平時說話要時刻想著你的嗓子很脆弱，不要大聲喊叫，也不能說話時間太長，注意多喝水，讓水去滋潤喉嚨。

心態上的放鬆也很重要。

嗓子莫名其妙地變啞了是很突然，也挺很嚇人的，但是現在你知道了這是一個必經的階段，且過了這個階段嗓子就會好起來後，就應該振作起來，照著上面說的，照顧好自己的嗓子，順利度過這個「變聲期」。

提問題的小男孩一定還在為嗓子啞了而苦惱，其實，早在一年前，你就應該發現另一個變化，那就是他的咽喉上生出了喉結！嗓子莫名其妙地啞了是很正常的，因為你現在正在經歷「變聲期」。

你們都要做好心理準備，因為這個過程是每個男孩子都要經歷的，而且還很漫長，大約要在 18 歲左右才能最終完成！

不過，在經歷了變聲期之後，你就會發現，你那原來奶聲奶氣的聲音已經不見了，取而代之的是渾厚低沉的成年男子聲音，我相信，你一定會喜歡你的新聲音。

小小提醒

　　為了保護嗓子，以下這些東西平時可以多吃：魚類、豆製品、海產品，以及豬蹄、豬皮、蹄筋等等，這些食品的共同特點是含有的膠原蛋白比較多，而這種物質，對聲帶的發育是非常有好處的。

　　當然，要注意在吃魚類的時候，千萬不要將魚刺吞進去，當心劃傷嗓子。

我不要當毛小孩！

? 【我有問題】

最近我發現身體的一些地方長出了奇怪的毛毛……還有嗓子也莫名其妙地啞了，我是不是要變成那種渾身都是毛的毛小孩啊？我不要當毛小孩！

→ 【答疑解惑】

這些變化是青春期的特徵之一，它們有個統一的名字，叫「第二性徵」，作用就是透過它們來區分你是男還是女。

簡單點來說，鬍子是男人才有的，女人基本上是不會出現的，這一點從平時你根本看不到長著鬍子的女人就能很好地理解。而發育豐滿的乳房則是女人才有的，在這個世界上你基本上是不會找到豐乳肥臀的男人。

　　男人的第二性徵，有陰毛、腋毛、鬍鬚等毛髮的產生，突起的喉結、變聲等等，這些都是。你可以觀察一下——注意，找個沒人的地方——在「小弟弟」的根部，如果看到幾根萌生的毛髮，那就是陰毛。

　　男人的腋毛，就是腋窩那裡的毛毛。男人的鬍子，這個不用說在哪了吧？但它的登場卻是最晚的，一般是腋毛生出一年後，鬍子才逐漸生長出來。

　　對於男孩子來說，除了陰毛、腋毛以外，「汗毛」在青春期也會有很大的變化。大腿上忽然生出的濃密的毛髮，就是汗毛，其實不僅是大腿上會出現汗毛，有的人還會在自己原本光滑的手臂、腿部、前胸等地方發現同樣的現象。

　　此外，有些同學受了一些國外電影、電視劇中英雄人物的影響，他們都是「大塊頭」，而且，他們的體毛都比較濃密，尤其是胸毛和鬍鬚，更是濃密，看起來非常有男子氣概！於是，有些體毛較少的男孩就開始胡思亂想：「我怎麼不像他那樣，糟了，我以後一定沒有男子氣概！」

　　對於這樣的想法，只能說你真的是想太多了……

　　體毛的密度和顏色，是因人而異的。你來自哪個國家、屬於哪個民族、家鄉什麼氣候以及你經常吃什麼、愛吃什麼、不愛吃什麼等等，都會對體毛有影響，唯一確定沒有影響的，那就是「男子氣概」了。

　　但一個男人只要具有責任心，有正義感，那就是一個真真正正的男子漢，男子氣概十足。相反的，就算一個男人體毛很濃密，為人卻是小肚雞腸、陰險毒辣，那麼人們也會這樣評價他：「哼！一點都不像個男人！」

　　所以，剛剛經歷從男孩邁向男人過渡期的小男子漢們，對於自己的變化要淡定一點，千萬不可胡思亂想。

小小提醒

　　有些小男生特別不喜歡自己新生出的鬍子、腋毛等毛髮，他們想出的辦法就是用鑷子或者手拔掉它們……但是，這樣做是很危險的！這一拔，很容易就把毛髮下面的毛囊給破壞了，嚴重的還會引發毛囊感染等疾病，那時候麻煩就大了。

　　所以，千萬不要去「拔毛」，也不要討厭它們。

怎樣去除難聞的汗臭味？

❓【我有問題】

剛才去打球，打了兩個多小時，玩得真爽！但是出了一身的汗，身上的味道好難聞。在回來的路上，好像周圍的同學都在躲著我走，好丟臉喔！我應該怎麼辦呢？

➡【答疑解惑】

青春期啊青春期！這是一個你的身體發育完善的時期，也是一個會讓你有些措手不及的麻煩出現的時期。

為什麼會出現難聞的汗臭味呢？

進入青春期以後，你身體內的內分泌系統也正迅速發展，逐漸走向完

善。其中的大汗腺排出的汗水大大增多。人體內總有一些多餘的水分要排到體外，除了小便、大便以外，排汗就是另外一種主要的方式了。所謂汗腺，你可以理解為長在皮膚上的、用來排水的水龍頭。

大汗腺就是其中比較大的水龍頭，它們擔負著更大的排水任務。大汗腺一般在哪呢？它們只分布在三個地方：腋窩下、肚臍周圍和陰部周圍。

這些地方都是人體比較隱蔽的地方，不方便隨時清洗。因此在你進行激烈運動時，大汗腺們加緊工作，排出了大量的汗水。而這些地方密不透風，汗水一時無法被吹乾或者風乾，便會成為一些細菌繁殖的樂園。

在細菌的作用下，汗液裡的一些分泌物被分解成兩類物質：不飽和脂肪酸和氨，而這兩種物質都是有比較難聞的味道的。汗臭味，就是這麼來的。

出汗是人體一個正常的過程，對人體的新陳代謝是有好處的。出汗不但能將人體多餘的水分排出，還能將一些新陳代謝產生的雜質、垃圾清除到體外，並且還能調節體溫。

看了上面的原理介紹，你應該明白了汗臭味，其實也不是出的汗本身發臭，而是積蓄的汗水中產生了帶有臭味的別種東西。

想要避免尷尬的汗臭味，其實很簡單。首先要注意個人衛生，平時要勤洗澡，運動導致大量出汗後更應該及時洗澡，洗去身上的汗水，這樣不會有細菌滋生，也就沒有臭味了。

平時穿衣服也要注意，多穿一些寬鬆的衣服，這樣有利於身體內、外的通風，也就有利於汗水的蒸發。

有些人以為穿一些厚實的衣服可以遮蓋汗味，這種想法其實是錯誤的。厚重的衣服會讓身體排汗更多，而且汗水更不容易蒸發，所以汗臭就會更

加濃烈。

　　還有一種主動出擊的方法，那就是鍛鍊你的汗腺，專家們認為這對消除汗臭味是有幫助的。

　　鍛鍊汗腺做法很簡單，就是坐在水溫約 43℃的浴池中，腰部以下都要沒入水中，這樣過十多分鐘以後，汗水就會從胸、腹、背等處流出來，然後再洗澡。洗完澡之後可以喝一些薑湯以補充水分。

　　總而言之，只要你多多注意個人衛生，不給細菌在身上滋生的機會，自然就不會有汗臭味的煩惱了。

小小提醒

　　有些小男孩遇到汗臭味的尷尬之後，想出的辦法是在身上噴灑香水（香水多半是偷用媽媽的），想用香水的香味來遮蓋汗臭味。這樣的做法其實很不可取。因為小男孩的皮膚還比較嬌嫩，用了適合成人使用的香水有可能造成皮膚過敏、紅腫、發癢等現象。

　　另外，香水雖然是香的，但是並不能遮蓋住汗臭味。相反的，兩種味道混合在一起，成了又香又臭的一種怪味道，還比汗臭味還難聞呢！

我怎麼有白頭髮了？

？【我有問題】

為什麼我才十幾歲，就長出了白頭髮啊？一般都是老爺爺老奶奶才長白頭髮！我這是不是「未老先衰」了？

➡【答疑解惑】

其實，白頭髮並不是老年人的「專利」，只不過是長白頭髮的人，大部分都是老年人罷了。

頭髮是什麼顏色的，取決於你的頭髮裡黑色素細胞的多少。而人體內生產黑色素細胞的功能強弱，決定了黑色素細胞的多少。這個功能在人35歲左右開始衰退，一直到完全不能產生黑色素細胞時，人的頭髮也就全都

白了，這時的人一般已經進入老年。

然而有些年輕人在 20 歲，甚至是十幾歲的時候就出現了白頭髮，這種情況被稱為「少年白」。造成這種情況的原因可能有很多，比如心情、營養攝入、遺傳因素等等。

先說心情的原因。科學研究已經證明，長期憂愁、焦慮、緊張都可能造成白頭髮增多，所以俗話說「愁白了頭」，也是有一定根據的。

營養缺乏也可能是罪魁禍首，比如蛋白質、維生素還有某些微量元素的缺乏，都可能會造成少年白。例如銅元素攝入少了，達不到人體的需要，就會影響生產黑色素細胞的能力，進而長出白頭髮。

遺傳因素也很重要，如果父母都有「少年白」的情況，那麼孩子出現少年白的機率就比較大。研究顯示，許多少年白家族中的數代人，都有類似的情況，這就證明了少年白和遺傳因素有關。對於青春期的男孩來說，有了少年白確實挺讓人困擾。這裡有一些方法，能夠幫助你把少年白的情況減輕，甚至是去除這類困擾。你可以按照下面說的幾點去做。

合理地洗頭髮

要經常洗頭，一般一週可以洗一到二次，夏天的時候可以洗得更頻繁一些。水溫不要太熱，摸起來感覺溫和即可。晚上臨睡前洗頭要注意，等頭髮乾了以後再睡覺，因為濕著頭髮睡覺容易感冒，還容易導致白髮早生。

注意飲食

多吃一些富含維生素的食物，比如蔬菜、水果、雜糧、豆製品等等，這些都是為黑色素細胞增加營養的食品。各種動物的肝臟以及西紅柿、馬

鈴薯、菠菜中的銅元素含量比較多，可以適當多吃一些。如果是因為缺乏維生素而導致的少年白，可以在醫生的指導下服用維生素 B2、B6 或者複合維生素等營養品，要注意堅持長期服用。

放鬆精神

很多小男孩因為學習壓力大，致使精神高度緊張，因此才長了白頭髮。所以，想避免或者清除白頭髮，就要放鬆精神，睡前用熱水洗腳，喝一杯熱牛奶，儘量不去想學習上的事情，讓自己帶著輕鬆愉快的心情進入夢鄉。

經常梳頭

這樣既可以保持頭髮和頭皮的乾淨，也可以加強頭部的血液循環，讓毛囊根部獲得更多的營養，也就可以不生或者少生白頭髮了。

按摩頭部

每天早晨起床後和晚上臨睡前，用食指和中指在頭皮上畫小圈圈，從前到後，每次按摩一、兩分鐘即可。這樣的效果和用梳子梳頭是一樣的。

小小提醒

在選購洗髮、護髮用品的時候要注意，要儘量選擇原料取自純天然物質的產品，每次用量也不可過多，要用水仔細將頭髮、頭皮上的洗髮泡沫沖乾淨，不能有殘留。因為這些化學物質長時間累積，會對你的頭髮產生一定的傷害，到時候就可能不僅僅是白頭髮多了，還會出現頭髮枯黃、斷裂、分叉、頭皮屑多等情況。

腋毛有什麼作用？

? **【我有問題】**

最近我發現在腋窩下面慢慢長出了毛髮，弄得我那裡癢癢的，這就是腋毛嗎？它有什麼作用呢？可是我覺得它在那裡毫無用處啊！

【答疑解惑】

有些愛美的人，尤其以女人居多，就因為在夏天的時候，一抬手臂露出黑黑的腋毛，很不雅觀，就用剪刀或者剃刀將腋毛剪掉、剃掉。這些人也和你一樣，看不起腋毛，認為它沒什麼作用，還影響美觀。但其實這樣將腋毛弄掉是很不好的。

因為腋毛不僅僅是表示你已經進入青春期的第二性徵之一，它還有著

不小的實際作用呢！

能達到防菌的作用

　　腋毛和陰毛長在那裡，就有遮擋、保護那塊皮膚的作用，它們可以將外來的細菌、灰塵之類討厭的東西擋在外面。

能緩解摩擦的作用

　　當你在活動身體的時候，比如手臂在活動時，腋窩這裡牽拉著周圍的皮膚，總會有相互之間的摩擦，如果摩擦過重了，或者過久了，夾在中間的腋毛，就能產生一種緩解、潤滑的作用，不會讓你的皮膚被擦傷。

　　所以，最好不要因為愛美而剪掉、剔掉腋毛，尤其是不能去硬拔，免得毛囊感染，帶來更多的麻煩。

　　腋毛是什麼顏色的？你的其他毛髮是什麼顏色，腋毛就是什麼顏色，人體的各處毛髮顏色基本上是統一的。

　　不過在炎熱的夏季，你有可能發現自己的腋毛「變色」了，變成了黃色、黑色或紅色。這是怎麼回事呢？是腋毛出現了「變異」嗎？

　　其實這不是什麼異變，如果你仔細觀察腋毛就會發現，這並不是腋毛變了顏色，而是在你的腋毛外面，糊上了一層黃色、黑色或紅色的東西。這些東西可能是堅硬的，也可能是柔軟的，它們讓你的腋毛變脆，而且還易於折斷。而這時腋窩那裡的皮膚一般是正常的，只是會有很多的汗。如果不主動去盯著腋毛看的話，一般是不會發現這些東西的，因為它們不會讓你有什麼感覺。

　　其實，這是一種由細菌感染引起的病症，名叫腋毛癬。一般會在夏天

出現這種病，而且一般得到的，都是青壯年的男子。

　　要預防這種疾病其實很簡單，首先要注意保持個人衛生，經常洗澡。腋窩是愛出汗的地方，大量運動之後要注意清洗，不要讓汗水積存。

小小提醒

　　腋毛大概是男女的第二性徵中，唯一一個男女一致的。男人有鬍子，女人沒有；女人乳房會發育，而男人不會；男女雖然都有陰毛，但是長的位置卻不一樣。只有腋毛，都是長在腋窩下面，男女都是一樣的。

　　人體體毛的生長，和雄性激素有關，腋毛的存在就是證明女人的身體裡也含有雄性激素最好的證明，只是她們身體中的含量比較少而已。有人以為女人體內沒有雄性激素，其實這是錯誤的。

我怎麼突然間長高這麼多？

？【我有問題】

我上學期買的褲子，今天翻出來想穿，結果發現短了好多！衣服也是。我進入青春期以後好像突然之間長高了不少，這是正常的現象嗎？為什麼會這樣？

【答疑解惑】

這當然是正常的現象，你這是進入了青春期的「加速生長階段」。每個人進入青春期都會經歷這樣一個階段，在這個時期裡，你們的身高會比之前增長得快很多，體重也要比青春期之前重很多，當然力氣也會增大許多。

　　不過，這種「瘋長」的狀態對於每個孩子來說都是不一樣的，不管是開始時間、持續時間還是瘋長的速度，都不一樣。而「瘋長」的最終結果就是，小孩子的身高、體重都達到了成年人的標準，並基本定型。

　　那麼這個瘋長期，到底有多「瘋」呢？

　　在青春期之前，大多數的男孩子平均每年會長高 6.3 公分左右。在進入加速生長階段以後，這個速度會增加到每年 10 公分，甚至更多。這個加速生長階段大概會持續三、四年，也就是說，一個男孩子在度過這個瘋長階段以後，身高會比之前高出 30 公分。

　　人體的長高，其實是你的軀幹和腿上的骨骼在不斷變長。人體有好多塊骨骼，軀幹和腿上也分好幾部分，它們不是同時開始加速生長的。

　　最開始生長的是你的腳部骨骼，還有手上的骨骼。當你的身高還不是成年人的身高時，你腳的骨骼已經是成年人的尺寸了。接下來是下臀和下肢的骨骼開始加速生長，然後是上臀和大腿的骨骼，最後是軀幹部分。

　　經過這樣幾輪「加速生長」，你的身高已經達到成年人的身高了。而你最終到底會長多高，取決於什麼呢？

　　首先，遺傳的因素很重要，一般來說父母身材高大，孩子多半不會是個矮個子。這是先天因素，我們自己是無法更改的。雖然遺傳因素很重要，但是我們身高的高矮並不是全部由遺傳因素控制的，後天因素也很重要。而後天因素包括營養、疾病、情緒等幾個方面。

　　首先是營養因素，如果營養供應既充足又全面，會有利於身高的增長。其次是疾病因素，有些疾病對骨骼的發育有影響，如果腦垂體出現了問題，造成生長激素過多，或是過少，都對身高有影響。

　　情緒因素也不容小覷。想長高就要情緒穩定、生活規律、睡眠充足。

不過，關於睡眠有很多人都有這樣一個誤解，就是認為睡眠充足就是睡得多。但這可不一定，因為睡得舒服睡得好，這才是睡眠充足。如果你睡了好久好久，但是起來後發現手臂、腿都痠痛痠痛的，這說明你的睡眠並不充足，也就對長個子沒幫助。

其次睡姿也很重要，比如趴著睡覺就是不利於健康的姿勢。人的一生大概有三分之一的時間，都是在睡眠中度過的。因此，怎麼過好這三分之一的時間，是很關鍵的。

加強體育鍛鍊，是長大個兒的又一個好辦法。體育運動不僅可以增強體質，還會加強機體的新陳代謝過程，加速血液循環，促進生長激素的分泌，也就能加快骨骼的生長。

小小提醒

如果個子矮小，可以透過服用藥品、保健品來長高嗎？

確實，醫生們會給一些天生就缺少生長激素的人注射生長激素，他們一般都很矮小，像兒童一樣。但是要注意，這種方法並不能讓他們長到和成人一樣高，同時，這種人工合成的生長激素，會有導致肝臟受損的副作用。因此，醫生們也會慎用這種療法。

可見，以目前的醫療水準來說，是沒有什麼靈丹妙藥能讓你長高的。那些吹噓自己多麼有效的藥品、保健品，多半是騙人的。

體重會大大增加嗎？

？【我有問題】

青春期在長個子的同時，體重也會大大增加嗎？

➜【答疑解惑】

　　這是當然的！你的個子在不斷增高，身體變長了，如果體重沒有變化，難道是越長越細嗎？這也不可能啊！

　　和你的身高變化一樣，在青春期你也會迎來體重上的「瘋長期」，在這個時期，你的體重會迅速增加，在以後的人生中，你不會再有增長這麼快的時候了。

　　為什麼體重會迅速增長？原因有兩個，一是骨骼和內臟器官都在不斷

發育增長，體積變大，重量當然也會變大；二是這個時期男孩子的肌肉開始發育，會變得發達、強壯。

這個體重激增的階段也會持續三、四年，在這個時期，男孩子的體重每年會增加10公斤，甚至更多。整個階段有可能會增加30公斤左右的體重。

你注意到了你的身高在激增，你的體重在激增，也許有一件事，是你沒有注意到的，那就是你的體型的變化。

如果人體的生長只是簡單的長大，變長變粗，那麼成年後看起來就是一個巨大的嬰兒而已。但是你仔細想一下，事實是這樣的嗎？

不是的，在這個身高、體重大變化的時期，我們身體的比例，也在悄然地發生變化，而且某些部位還長得更快一些。

如果你將一張嬰兒的照片和一張成年人的照片放在一起比較，就會觀察到身體比例的變化。最顯著的，應該是腦袋的比例。嬰兒時期的腦袋所占身體的比例是最大的，約占整個身體的四分之一，但是成年人卻只占八分之一左右。嬰兒的腦袋幾乎和肩膀一樣寬，而成年人，腦袋旁邊的肩膀也有不小的寬度。

腿部的比例變化也很明顯。嬰兒的腿很短，占整個身高的比例並不大。而成年人呢？一半的身高就是腿長了。

這些變化就是在這個身高體重激增階段完成的。在這時期，腿部會加速生長，越長越長，肩部也在橫向發展，越來越寬。相比之下，增長不是那麼明顯的髖部顯得窄了一些。全身上下的肌肉塊也在增長，尤其是小腿肚、大腿和手臂，整個身體從男孩子往男人轉變。

還有，頭部的比例其實也在變化，臉的下半部分顯得更長了，顴骨也更加突出。頭頂上的髮際線在後退，腦門那裡也顯得更寬了。小孩子的臉

蛋都是圓圓的、胖胖的，很惹人喜愛，但是進入青春期以後，臉部就會生長得比原來長而窄，不再那麼豐滿了。

小小提醒

有的男孩擔心自己成了胖子，或者已經是胖子而想變成瘦子，聽說要控制飲食，結果就真的控制飲食，卻沒想到又走向了另一個極端：飢餓療法。為了減少能量的攝入，不吃早點，甚至有營養的肉蛋也一概都不吃了。不過這樣的做法是不對的，這屬於矯枉過正，控制飲食的意思是攝入足夠的營養、能量，但不能超標，絕對不是就不攝入營養、能量。

人體的正常生理活動，一時一刻都離不開能量。如果長期採用「飢餓療法」，有可能造成內分泌紊亂、厭食症，甚至胃萎縮，嚴重威脅健康。

我的體力也有一個
「激增期」嗎？

？【我有問題】

我發現隨著身高體重的增長，我的體力也在增大。體力上也會有一個「激增期」嗎？

【答疑解惑】

青春期的男孩子，體力上確實會增長得很快。男孩子正是在這時變得比女孩子更強壯，而在青春期之前，男孩女孩之間的差別並不明顯。

青春期的體力增長會有多快呢？一般來說，一個男孩，在 16 歲時的體

力，會是他 12 歲時的兩倍。增長的速度就是這麼快。

增長如此迅速的原因是什麼呢？

其中一個原因是肌肉的增長。你的體重激增，一部分原因就是肌肉組織在不斷長大，肌肉多，當然力氣大。

不過相比之下，另一個原因則更重要一些，這就是睾丸素的作用。

睾丸素是由睾丸分泌的，是性激素的一種。進入青春期以後，睾丸開始大量分泌睾丸素。陰莖的迅速長大，汗毛、陰毛等一些體毛的生長，還有一些其他青春期發生的身體變化，都有睾丸素的作用在裡面。

而最早促進肌肉組織生長的，也是睾丸素。它還能導致肌肉纖維的變化。肌肉纖維會改變肌肉的活動方式，讓你的體力增強。因此，在睾丸素的作用下，肌肉不僅在增粗增大，還變得更適合各種運動。

一般來說，體力的激增要比身高和體重的激增晚一些，大約是在青春期的晚期，體力才開始激增。而這時男孩子的生殖器，比如睾丸和陰莖已經發育成熟了。

不過體力激增並不只在青春期內，在青春期結束後，體力激增還在繼續，一般會持續到 20 歲出頭。

每個男孩子都會經歷一個體力「激增期」，但是並不是每個男孩子都會一樣強壯，即便他們的體重相同。有些男孩更強壯，是因為他們的身體比較勻稱，或者是經常參加體育鍛鍊。但是，也有些男孩永遠都不會像別的男孩一樣強壯，即使他們進行很大量的運動。這是由基本身體型態，也就是體型決定的。

基本的體型有三種。

第一種叫內胚層體型，又叫胖型體型，他們的脂肪比較多，身體圓而

胖，曲線比較柔和。

第二種是外胚層體型，又叫瘦型體型，他們的身體瘦長，基本上沒有曲線可言，稜角分明。

第三種是中胚層體型，就是適中體型，他們的肌肉勻稱，肩膀比較寬，有粗壯的外表。

透過控制飲食、加強體育鍛鍊是可以控制體型的，比如去掉一部分脂肪，或者是長點肉。但是基本體型已經定型了，是變不了的。

小小提醒

青春期的男孩比較爭強好勝，又趕上了力氣的大增長階段，因此和同學們聚在一起的時候，就經常會比比力氣大小，比腕力就是一種很常見的方法。

但是，青少年其實是不太適合做這種活動的，因為他們的骨骼，比如腕骨還沒有完全長成，比較脆弱，一旦用力過猛或者用力不當，就可能造成腕骨損傷，甚至是骨折等更嚴重的後果。

CHAPTER
2
初識性的祕密

　　你有沒有好奇過自己是從哪裡來的呢？在問爸爸媽媽時，是不是也經常會聽到這樣的回答，「你是從垃圾堆裡撿來的」「你是送子鳥送來的」「你是從石頭裡蹦出來的」……這些無厘頭的回答，你是否相信了呢？

　　你的身邊是否有兩個長得一模一樣的人？對此，你是否感到非常驚訝？面對自己身體上的變化，你會感到手足無措嗎？看到或聽到那些陌生的詞語時，你又是怎麼想的呢？

　　進入青春期之後，是不是對越來越多的事情感到好奇，甚至是驚訝呢？想要知道那些都是怎麼回事嗎？那就快來和我一起往下學習吧！

我是怎麼出生的？

? 【我有問題】

我是從哪裡來的呢？我最早的時候，是什麼樣子的呢？問媽媽這個問題，她好像遮遮掩掩的。

問班上其他的同學，他們從爸爸、媽媽那聽來的答案也是各式各樣的，有的說是從大街上撿的，有的說是從石頭裡蹦出來的……這個問題有這麼不好回答嗎？

➡ 【答疑解惑】

很多父母被這個問題問得很尷尬，多半胡說一個答案把孩子敷衍過去了。

不過話又說回來,「我是從哪兒來的」這個問題,確實很複雜。每個人都是一個生命,而要說這個生命的最開始,就要從一個精子和一個卵細胞的結合開始說起。

精子是男性的生殖細胞,而卵細胞是女性的生殖細胞。當二者遇在一起,就形成了一個受精卵,而它們相遇的過程,則稱之為受精。

那麼它們是在哪裡相遇的呢?是在你媽媽肚子中一個叫陰道的地方。陰道類似一個通道,再往裡去,有一個空腔,叫作子宮。

精子和卵細胞進行受精以後,結合在一起,有了一個新的名字——受精卵。這個受精卵經過不斷的運動,進入了子宮當中,附著在子宮壁上,這個過程叫「著床」,從這時候開始,這個女子就算是懷孕了。

一個新生命的開始,就是從受精卵形成時開始算的。

就這樣,這個受精卵在子宮當中,還要經過漫長的時間,才能逐漸發育成胎兒。最開始,胎兒很小,而且還看不出人形,所以媽媽們通常還不會知道自己已經懷孕了。

到了第十二個星期時,胎兒已經發育出了雛形,到了第二十個星期,媽媽就能感覺到胎兒的手腳在動了,這就叫「胎動」。

胎兒在媽媽的子宮裡,是浮在一種叫作羊水的特殊液體中的,這種液體比較溫暖,而且還保護了胎兒不會受到損傷。

到了第四十個星期。胎兒看起來已經是一個小人兒的形狀了,而且胎兒體內的大部分器官基本上已經發育完成,這個時候,媽媽的子宮已經裝不下不斷長大的胎兒了,自然也就到了小寶寶出來見見這個世界的時候。

如果媽媽這時候和小寶寶一樣正常,那麼就會接到小寶寶發來的信號:宮縮,就是子宮會不斷地收縮,而且還越來越頻繁。媽媽的子宮口也會張

大，為小寶寶的出來準備好一條通道。

媽媽在生產的時候會非常、非常疼，而且這個過程有可能長達十幾個小時。在生產的時候，胎兒自己也會努力，他會努力調整自己的身體姿勢，找準通道的出口。就這樣，在媽媽和寶寶的共同努力下，胎兒被子宮強烈收縮的推動力從陰道中推了出來，一個嬰兒就這樣來到了世界上。

小小提醒

在我們還只是胎兒的時候，我們要在媽媽的肚子裡待上十個月。這十個月裡，媽媽的肚子會越來越大，直到後來連走路都不是很方便了。可以說，在這十個月中，媽媽為我們付出了很多，她吃什麼、喝什麼都要萬分注意，行動也要格外小心。

而到最後將胎兒生出來的過程更是非常痛苦，所以，我們一定要報答父母的生養之恩。

精子和卵細胞怎麼形成的？

？ 【我有問題】

原來我們每個人，都是由一個「受精卵」變來的。

這個受精卵，又是由一個精子和一個卵細胞結合形成的，那麼，精子和卵細胞分別是從哪來的呢？

【答疑解惑】

對於我們人類來說，精子和卵細胞是分別由男人和女人產生的，沒有哪個人可以同時產生這兩種細胞。

男人的睪丸負責產生精子，每個睪丸裡都有幾百條細細的小管子，它們的名字叫製精細小管，加起來能有幾百公尺長，這裡就是「精子的加工

廠」。

　　這個加工廠在青春期之前是處於「停產」狀態的。進入青春期以後，在雄性激素的作用下，停產的工廠開始正式開工：一種叫精原細胞的細胞開始大量繁殖，此後又經過好多個階段，最終形成了一個成熟的精子，這個過程大概要 72 天。

　　你是不是以為男人每隔 72 天才會產生一個精子？實際情況可不是這樣，雖然對每個精子來說，它確實需要 72 天來發育成熟，但是這家加工廠可不是一個一個地生產，而是一個連續的生產過程。對於一個成熟的男人來說，這個加工廠每天都會生產出 2 億個成熟的精子。

　　精子是什麼樣的呢？它非常非常小，我們用肉眼是看不見的，只能借助顯微鏡等儀器，才能一睹它的真面目。

　　你有沒有見過小蝌蚪？大腦袋後面拖著一個細細長長的尾巴，精子也是這樣的身材，和小蝌蚪像極了。

　　精子的頭部是圓形的，頭部和尾巴加起來，大概有 50 微米長。這大概有多大呢？20 個精子首尾相連成一條直線，才有 1 毫米長。1 毫米有多短，你一定知道，就是你的直尺上最小的那個刻度。

　　就這樣，精子由睪丸生產出來以後，會進入到副睪當中繼續發育，此後便會儲存在這裡。這裡對外有一條通道，由輸精管和射精管組成，通道的開口就是尿道口，也就是龜頭最前端那裡了。精子就是順著這條通道排出體外的。

　　以上便是一個精子的前世今生。接下來，我們再來瞭解下它的好夥伴——卵細胞。

　　女人負責生產卵細胞，她們生產卵細胞的「加工廠」是卵巢。這個加

工廠也是在女孩一出生就有了的，但是一直處於「停工」狀態，直到青春期才開始發育成熟，並且開始生產卵細胞。

不過，要論「生產能力」，這個加工廠和男人的睪丸相比可差遠了，它每月只能排出一個成熟的卵細胞，又叫「卵子」。卵子的體積比精子大很多，它是球形的，直徑可達 200 多微米，只要 5 個卵子排在一起，就足有一毫米長。卵子不僅僅只比精子大，它也是人體中最大的細胞。

卵子在由卵巢形成並排出以後，來到了輸卵管的一個部位，名叫壺腹部，它就停留在這裡，等待著和精子會合的機會。這就是女性的生殖細胞——卵子的由來。

相信你現在已經瞭解了精子和卵子的由來，知道它們各自是由男女體內專門的器官，於進入青春期以後，在性激素的刺激下產生的，只是男性產生的精子數量非常多，而且體積小一些；而女子產生的卵子很少，一般一個月只有一個，不過體積要大一些。

小小提醒

卵子形成以後會停留在輸卵管壺腹部，如果此後的 30 個小時之內，沒有遇到精子，就會迅速失去受精的能力，最終消失了。

副睪和輸精管如何工作？

?【我有問題】

精子是由睪丸產生的，存在副睪裡。那副睪又是怎麼回事呢？還有輸精管是在哪裡，它又有著什麼樣的作用？

➡【答疑解惑】

副睪，它就在睪丸附近。實際上副睪也住在陰囊裡，在睪丸的身後，和睪丸緊緊貼在一起。

副睪可以分成頭、體、尾三個部分。副睪的頭部又大又圓，好像一個皮球，其實這裡是由一堆彎曲盤旋的小管組成的，而這些小管是從睪丸那伸出來的。

　　副睪的體部和尾部也是一堆小管，不過組成它們的不是睪丸的小管，而是副睪管。這些副睪管都盤曲在一起，如果伸直了能有四、五公尺長。

　　副睪管除了能貯存精子以外，還能分泌副睪液，裡面含有一些激素和特異的營養物質，都是對精子的成熟有用的。

　　副睪的尾部很重要，因為這裡是精子的儲藏室，從睪丸產生的精子就會停留在這裡，進一步成熟。精子會在這裡停留 5 到 25 天（平均是 12 天），在這些天裡，精子會改變外表型態、大小、結構，以及提高膜的通透性、代謝、耐寒耐熱等能力，最重要的是會獲得讓卵細胞受精的能力。

　　精子從睪丸產生出來就像一個什麼都不懂的小孩，還要在副睪這個「學校」裡磨煉學習一番，然後才能成熟，之後再去完成它的使命，和卵細胞結合，孕育新的生命。

　　所以說，副睪這個名字聽起來好像不重要，但實際上對於男人來說，卻是很重要的存在。

　　輸精管也和副睪緊靠著，在副睪尾部的副睪管最末端那裡，急轉直上，再延伸出去，就是輸精管。

　　睪丸是一邊一顆，所以副睪也是一邊一個，輸精管也是左右兩邊各有一條。它的長度約在 35 公分到 45 公分，外徑有 2 毫米，內徑還不到 1 毫米。

　　輸精管的主要作用是連接副睪和尿道。精子從副睪出來，順著輸精管到了尿道，再走完尿道，來到尿道口，即龜頭的最前端，然後精子們就被排到了人體之外。

　　除了有睪丸、副睪、輸精管、尿道之外，在它們的兩旁還有一些附屬腺體，分別是精囊腺、前列腺、尿道球腺和尿道旁腺，這些腺體對稱地排列在兩旁。

　　這幾個腺體分泌的液體構成了精液的主要組成部分，它們是給精子提供營養的主要功臣，沒有它們精子就會失去活力，也不能讓卵子受精。

　　因此，別看它們小，也不怎麼出名，但是作用可一點都不小。

小小提醒

　　也許你已經發現了，精子在離開人體前的最後一段路是尿道。尿道，是輸送尿液的通路。尿道最上面是從膀胱伸出來的，而且尿液確實是和精液走了同一條路。

　　雖然精液和尿液共用一條通道，但是它們不會混在一起。因為膀胱和尿道中間有一個「閥門」，當你要射精的時候，這道閥門就會關閉，這樣尿液就會被關在膀胱裡，不會出來「搗亂」了。

　　而且不僅僅是將尿液暫時關起來這麼簡單，在射精之前，尿道球腺還會分泌一種特殊的液體，這種液體順著尿道排出來，會對尿道有著洗滌的作用，將尿道上所有的殘留尿液都洗刷得乾乾淨淨，為精液的射出做好準備。

精子和卵細胞的結合

? 【我有問題】

精子和卵細胞都是怎麼來的我已經清楚了，我們每個人都是由精子和卵細胞結合成的受精卵發育來的，那麼，它們是怎麼結合在一起的呢？

【答疑解惑】

它們結合在一起，這需要一個男人和一個女人共同進行一項活動。在進行這項活動時，男人的「小弟弟」會勃起，變得堅硬而有力量；而女子的陰道中也會分泌出一些柔滑的液體，讓陰道潤滑起來。隨後，男子將勃起的陰莖插入陰道當中。

我們前面已經知道，精子形成以後，就儲存在陰囊的副睪中，並有一

條通道通往陰莖最前面的尿道口。此時，男子就會將體內的精子排到女子的陰道中，就是這樣，精子透過這個過程來到了女子的體內。

數以萬計的精子進入女子體內時，這些精子會爭先恐後往陰道深處前進，與卵子會合。但是卵子通常只有一個，所以，只有最強壯、游在最前面的那個精子才能和卵子結合。

當這個最先到達的精子的頭部鑽進卵子的身體裡之後，卵子便會釋放出一種物質，在自己的表面形成一道牆，這樣後面來的精子就不能再和自己結合了。

最後能和卵子結合的，也只有一個，或者兩個。其餘的精子則會在24到36個小時內先後死亡。如果這次「精子集體大行動」，沒有趕上女子排出卵細胞的時候，那就會全部死掉。

男子利用勃起的陰莖將精子送入女子體內的過程，叫作「性交」，也可以稱為發生「性行為」、「性關係」、過「性生活」。

有一點需要強調，青春期的男孩子，進行性行為是不可取、不理智的行為，對身心發展沒有好處，之所以這麼說，是因為有以下幾個原因：

第一，進入青春期以後，生殖系統的器官逐漸開始發育，但是並沒有發育成熟，生殖器都還比較嬌嫩，少男、少女們對這方面也缺乏瞭解，不會進行保護措施，因此，盲目追求刺激而進行的性行為，很容易對生殖器造成損傷。

第二，過早的性行為不僅對身體有傷害，還會對心理健康造成傷害。多數情況下，少男、少女們偷食禁果，都是在偷偷摸摸中進行的，根本沒有任何生理和心理上的準備。而事後，對這方面懵懵懂懂的他們還會產生負罪感，會擔心女孩懷孕，擔心被大人發現而莫名地恐懼、害怕，時間長了，

也可能使性格朝極端方向發展，比如就此討厭異性、性慾減退、性冷淡等等，這些都是心理上可能出現的問題。

第三，過早的性行為可能為成人後的婚姻生活埋下不好的伏筆。青春期的「小情侶」們並不懂得愛情的真諦，很多是以分手而告終。以後再和別人結婚，這段少年往事是否要告訴對方？如果不告知，自己心裡歉疚；如果選擇告知，到最後可能無法得到對方的諒解，兩人的感情會因此而蒙上一層陰影，婚姻也會受到影響。

第四，過早的性行為會影響學習和生活。前面已經說過很多遍了，青春期是學習知識的黃金期，作為學生就應該以學習為主，如果有了性行為，必然會影響到學習和生活的精力。

因此，青春期的男孩雖然已經具備進行性行為的能力，但是因為各種因素，這個時期還是不要進行性行為的好，來日方長，你們的日子還長著呢，著什麼急？做好眼前最重要的事情——學習知識才是最聰明的選擇！

小小提醒

有的時候，性行為和性交這兩個詞並不能完全畫等號。

廣義上的性行為包括三種，第一種是核心性性行為，就是性交；第二種是過程性性行為，包括性交前後的準備和其他行為，比如接吻、愛撫等等；第三種是邊緣性性行為，這種範圍更加廣泛，也沒有明確的界限，為了表達對異性的愛慕的行為，都可以算進來。

精液和精子是什麼關係？

？【我有問題】

我已經明白精子是怎麼來的了，那麼我在遺精的時候流出來的那種白白的、黏黏的液體，就是精子嗎？我還聽到過一個詞，叫「精液」，它和精子又是什麼關係？

【答疑解惑】

精子和精液不一樣的，前面已經說過，精子體積很小，小到我們的肉眼根本看不見，所以，你遺精時流出來的白色的液體又怎麼可能是精子呢？

事實上，那是精液。

精液由兩部分組成，精子和精漿。精漿是什麼呢？在睪丸周圍還有一

些附屬的腺體，比如前列腺、精囊腺、尿道球腺等等，它們也會分泌一些液體，這些液體混合在一起，就是精漿。

精子就藏在精漿當中，就像魚兒游在水中一樣。精漿為精子提供能量，提供營養，還為精子提供了從男人到女人的辦法──沒有精漿這個載體，精子是無法自己游到女人的體內的。

在進行性活動的時候，在神經系統的控制下，副睪、陰莖等部位的肌肉、組織等做出了收縮的動作，將精液從它的藏身之地副睪擠了出來，使其順著尿道排到了體外，就像射箭一樣，所以，這個動作叫作「射精」。

生理正常的男子，一次射精射出的精液大概在 2 毫升到 6 毫升之間，其中大概含有幾億個精子。如果頻繁射精，比如幾天之內都射精了，那就會少一些；相反如果有一陣子時間沒射精的話，那就會多一些。後者這種情況，精液的顏色還有可能會有些偏黃，而正常的精液是乳白色的，像牛奶一樣。精液會偏黃是因為液化不完全，這也是正常現象。

也許你已經發現了，精液聞起來有一種刺鼻的氣味，腥腥的，這是怎麼回事呢？是身體裡有什麼不乾淨的東西了嗎？

不是的，這是你自己多想了。精液這種特殊的味道，是由一種名叫「精氨酸」的化學物質，經過氧化之後散發出來的。精氨酸由前列腺分泌，而它的氧化過程，需要精囊液的參與。因此，精液的特殊氣味，還是幾個部門共同作用的結果，也是一種正常的現象。

你可能聽說過這樣一種民間的說法，「一滴精，十滴血」，意思就是精液十分寶貴，甚至比血液珍貴十倍，因此損失了精液就會大傷元氣，還會使得骨髓空虛，不到年老就死了，因此，要「藏而不洩」，才能身體健康，延年益壽。聽了這種說法，你是不是有點害怕？擔心自己遺精了，就會元

氣大傷？

不用擔心，其實這種說法是錯誤的。只要我們瞭解一下精液的成分就能明白了。

精液的大部分都是精漿，而它的成分和血漿差不多，90% 都是水分，剩下那 10% 是蛋白質、糖分、微量元素、無機鹽等等，並不是什麼珍貴的成分。

你的嘴裡有口水，也就是唾液，當你吐了出去，沒一會兒，嘴裡又會充滿了唾液。精液也是這樣，排出體外以後，很快就會有加工廠又生產出來。所以，「一滴精，十滴血」的說法，是沒有科學根據的。

小小提醒

在「小弟弟」剛勃起的時候，在龜頭前端的尿道口旁邊，會有少量的黏稠滑膩的液體，看起來比較稀，不過這並不是精液，而是由尿道旁腺分泌的尿道旁腺液，能有潤滑尿道的作用，為射精做好準備。

精子游動的動力來自什麼？

? **【我有問題】**

那麼，精子從產生以來，為什麼會一直往前游呢？進入女人的體內，還能一直游到子宮那裡，它的動力是從哪裡來的呢？

➡ **【答疑解惑】**

你看過電視上轉播的馬拉松比賽吧？參加馬拉松比賽的運動員在途中，都會喝一些補充能量的飲料，這種飲料一般含有大量的糖分、鈉離子和鉀離子，這些物質可以迅速補充運動員們的體力，讓他們更有勁地向前跑。精子能一直往前游，也是一樣的道理。

精液中來自精囊的液體，就是給精子準備的能量飲料。這種液體很屬

害，裡面有大量的糖分也有很多的營養物質，能夠為精子提供能量。

所以說，精漿的作用，一個是精子的載體，另一個就是為游在它其中的精子提供能量。如果沒有這些「能量飲料」，精子就沒有動力一直游到女性卵細胞待的地方，並讓它受精。畢竟，對於小小的精子來說，從睪丸到子宮，這是一次非常遙遠的旅行。它們從睪丸被生產出來，經過副睪、輸精管、尿道，出了陰莖，也就出了男子的身體，然後要進入女子體內，穿過整個陰道，進入子宮，最後到達輸卵管。

男人每次排出的精液，裡面可能有上億個精子，但是最終能讓卵細胞受精的，只有一個。可以想像，這是一場多麼激烈的競爭啊！想要贏得這場競爭，就要游得最快，這樣才能擊敗所有的競爭對手，最先到達卵細胞那裡。

全部的路程，大概有個十幾公分，可能你覺得這是很近的距離，還沒有你的腳掌大。但是你不要忘了，精子的體積實在太小了，從頭到尾也就50 微米長，它游這十幾公分，就相當於你跑上幾公里的路。

想一想，讓你以最快的速度跑幾公里，是不是也得補充一些能量呢？

在性交過程中，在大腦的指令下，透過一系列肌肉的壓縮作用，精液被從副睪送到了尿道口，隨後再經過幾次強有力的肌肉收縮，精液會從尿道口被噴射出去，進入女性的陰道裡，這個過程就叫「射精」。

射精過程中，最初的三或者四次收縮是最有力量的，間隔很短，大部分的精液都是在這三到四下的噴射中被射出去的。隨後，肌肉的收縮還在，但是會變得微弱，也不規律。剩下的一小部分精液就這樣被輕輕推出人體之外。包含著精子的精液被射進了女性的陰道後，數以萬計的精子會奮力朝著女性的輸卵管游去。

小小提醒

　　每次射精大概會射出一茶匙的精液，不過這也不是固定的。如果一個男人之前很長時間沒有射精了，射出的精液就會比他間隔不久的射精而射出的精液要多很多。

　　精液的顏色也不一定，一般來說是乳白色的，但是也可能出現淺灰色、淺黃色，或者是透明的。

為什麼會有雙胞胎？

？【我有問題】

那些雙胞胎是怎麼回事？為什麼有些雙胞胎的相貌是一模一樣的？

【答疑解惑】

人類生小孩，大多數情況都是只懷一個、生一個。

但是也有少數的媽媽，一次可以生下來兩個，甚至更多個寶寶，這種情況就是多胞胎了。這其中，還是一下生兩個相對常見一些，他們被稱為「雙胞胎」或「孿生子」。

你可能要說了，我知道，雙胞胎都是兩個男孩，或者兩個女孩，他們或她們長得一模一樣，穿著打扮也都一模一樣，看起來可愛極了！

雙胞胎真的都是你說的這種情況嗎？

讓我們先來簡單瞭解一下為什麼會有雙胞胎這種情況出現吧。

雙胞胎分為兩種情況，一種叫作同卵雙胞胎，一種叫作異卵雙胞胎。

我們已經知道，一個精子和一個卵細胞相遇，受精而結合成受精卵，以後便會發育為一個胚胎，最終成長為一個胎兒。

卵細胞是由女人的卵巢分泌出來的，通常情況下，卵巢一次只分泌一個卵細胞。因此只會形成一個受精卵，最後也就發育為一個胎兒，所以，大多數情況媽媽只會生下一個寶寶。

但是，也有比較少的時候，卵巢會一下分泌出來兩個卵細胞，這兩個卵細胞又分別和兩個精子結合，各自形成了一個受精卵，最後發育為兩個寶寶。

這種情況的雙胞胎，就是異卵雙胞胎，就是由不一樣的兩個受精卵發育出來的雙胞胎。異卵雙胞胎有各自的臍帶和各自的胎盤。異卵雙胞胎，不一定都是男的或者都是女的，長相也不一定相似。如果是一男一女兩個寶寶，那就是「龍鳳胎」了。

那麼，同卵雙胞胎又是怎麼回事呢？

正常情況下，一個受精卵，只會發育為一個胚胎，將來也只會生出一個寶寶。但是在極少見的情況下，一個受精卵會分裂成兩個部分，兩部分各自發育成一個胚胎，它們有各自的臍帶，但是卻共用一個胎盤。

因為它們是從一個受精卵中分裂出來的，因此最後發育形成的胎兒性別會是一樣的，相貌也是非常像的，這就是同卵雙胞胎了。

有趣的是，如果媽媽自己就是雙胞胎之一，那麼她生下雙胞胎的機率就更高。

　　而同卵雙胞胎不僅相貌非常相似，連血型、性格、智力等等都會很相像。還有更玄的，說雙胞胎之間可能存在心靈感應，不過這個只是猜測，還沒有得到科學的證實。總之，同卵雙胞胎之間的關係很玄妙就是了。

小小提醒

　　正常的情況媽媽懷孕 40 個星期才會生寶寶，但是雙胞胎比較特殊：兩個胎兒體積會更大一些，所以一般在 37 週時，雙胞胎就會出世了，比一般的寶寶早三個星期。

生男生女是由誰決定的？

？【我有問題】

是什麼決定了一個嬰兒是男還是女呢？是由媽媽決定的嗎？

➡ 【答疑解惑】

簡單地說，一個新生兒是什麼性別，是男是女，是由「染色體」決定的。

「染色體」是什麼呢？你可能還不知道。染色體是你的細胞當中，載有遺傳信息，也就是基因的物質，主要成分是脫氧核糖核酸（英文簡稱是DNA）和蛋白質，因為容易被鹼性染料染色，所以得名染色體。

到底染色體是怎麼回事，這是個很高深的問題，現在的你還不用去弄明白，你知道它是載著遺傳信息的物質就行了。

　　每個人的細胞當中，都有 23 對染色體，其中有一對決定了你的性別，這一對就被稱為性染色體。

　　男女的性染色體是不一樣的。女性的這一對性染色體，兩條是一模一樣的，可以用兩個「X」表示，就是「XX」。而男性的性染色體是不一樣的，大小、形狀都不一樣，所以一條被稱為「X」，一條被稱為「Y」。

　　而生殖細胞，也就是精子和卵細胞內只有一半的染色體，就是 23 對染色體，每對只有一條。女性的性染色體兩條都是一樣的，所以產生的卵細胞上攜帶的性染色體也都是一樣的，都是「X」。

　　而男子的不一樣，一條是「X」，一條是「Y」，所以產生的精子也就有兩種，一種帶有「X」性染色體，一種帶有「Y」性染色體。

　　一個精子和一個卵細胞結合成受精卵。如果這個精子是帶有「X」性染色體，受精卵的性染色體就是「XX」，發育成的寶寶就是個女孩；如果帶有的是「Y」性染色體，受精卵的性染色體就是「XY」，那寶寶就是個男孩。

　　由此可見，性染色體是「XX」，還是「XY」，是由攜帶性染色體的精子決定的，所以，生男還是生女，是取決於爸爸的。

　　而一個男子生成的數以億計的精子當中，兩種類型的精子的數量是差不多的，最後是哪種精子和卵子形成受精卵的比例基本是一樣的。所以，生男生女的比例也是一樣的，都是 50% 的機率，這是一種自然界的生態平衡。

　　中國傳統上有重男輕女的陋俗，都喜歡生男孩。所以，有人想在懷孕過程中就知道將來的寶寶是男是女，還有更極端的甚至想如果是女孩就不要了。這種做法是非常錯誤的，是對女性的不尊重。

小小提醒

　　從醫學的角度上來說，是可以在懷孕三、四個月以後，透過超音波、羊水化驗等手段探明胎兒的性別的。而且不僅是性別，還可以瞭解到很多遺傳基因上的信息，可以達到避免遺傳病的作用。

　　比如某個家族有一種嚴重的遺傳病，只有男性成員發病，女性成員從來沒有得病的，透過檢查則可以及時發現。所以產前檢查是很重要的。

什麼是試管嬰兒？

？【我有問題】

「試管嬰兒」這個詞很奇怪，我上過化學課也用過試管，那麼窄那麼細，怎麼會有嬰兒生在那裡呢？

➡【答疑解惑】

「試管嬰兒」可不能理解為長在試管裡的嬰兒，它其實有一個很學術的名字，叫「體外受精和胚胎移植」。

因為這個名字太學術了，一般的人不懂，所以才又給它取了個容易理解的名字，就是「試管嬰兒」。

那「試管嬰兒」具體是怎麼回事呢？簡單地說，就是將受精和形成胚

胎這個過程進行的場所，從媽媽的陰道和子宮，挪到了體外，挪到了一堆玻璃儀器裡。

前面我們已經說過了嬰兒的形成過程，你還記得嗎？爸爸媽媽在發生性行為的時候，爸爸會將精子送到媽媽的陰道裡，隨後精子們自己往子宮裡游動，最終會有一個精子和卵細胞結合，形成受精卵，然後在子宮壁上發育成胚胎，最終長成嬰兒。

但是，因為各種原因，有些爸爸媽媽並不能順利完成這個過程，比如有的爸爸精子很少，甚至需要直接從睪丸中才能找到精子，比如有的媽媽輸卵管堵塞、影響了卵細胞正常排出來等等。所以，他們不能按照上面那個過程完成受精、懷孕。

然而，他們又非常想要一個屬於自己的寶寶，而這個願望一直實現不了，那該怎麼辦呢？

於是，醫生們就想到了這樣一個辦法，他們透過技術手段，將精子和卵細胞從男女的身體裡取出來，放在專門的科學儀器中，讓它們結合、受精，形成受精卵。這個過程，就叫「體外受精」。

也就是說，這個受精過程是在人體外完成的，而我們知道，正常的受精應該是在體內完成。

接下來，就要等這個受精卵發育成胚胎以後，再把它送回媽媽的子宮當中，此後的事情就和正常的過程一樣了：胚胎在子宮中順利發育，10個月以後會呱呱墜地，和正常的寶寶一模一樣。

現在明白了嗎？所謂「試管嬰兒」，就是將受精、懷孕這個過程的前半段，人為地挪到了體外進行，然後再挪回去，這樣就可以讓那些在正常情況下不能懷孕的爸爸媽媽們，也能有自己的寶寶。

小小提醒

　　曾有澳洲的研究人員對一千多例「試管嬰兒」和四千個普通嬰兒進行對比發現，試管嬰兒患有先天性缺陷的比例，要更高一些，而且，試管嬰兒通常沒有自然受精的嬰兒聰明，患上心理疾病的可能性也會更大一些，比如自閉症。

　　這是「試管嬰兒」的錯嗎？不一定，這也可能是試管嬰兒的父母中的不孕基因惹的禍。不過現在，到底是哪一個原因，還沒有一個確定的說法。

人工流產是什麼？

? 【我有疑問】

電視、電影裡有時會說到「人工流產」，「人工流產」到底是什麼？

➡ 【答疑解惑】

我們知道胎兒是在媽媽的子宮裡發育而來的，從受精卵開始，大概十個月，就會出來了。但是，在這十個月當中，如果因為什麼導致這個過程被中斷了，那麼這次的懷孕也就失敗了，胎兒在發育的過程中死掉，就是流產。

流產可能是意外流產，比如孕婦劇烈運動，或者是得了什麼疾病導致的。也有可能是故意的，比如因為某些原因不想要這個孩子，那就會使用

人工的辦法，將這次懷孕過程終結，讓那個還沒出世的胎兒，永遠失去了來到世上睜眼看世界的機會，這就是人工流產。

人工流產又可以分為兩種，一種是藥物流產，就是給孕婦服用一些藥物，這些藥物大多具有讓子宮收縮的功能，這樣那個未成形的胎兒就會被排出來。一種是手術流產，就是做一個手術，將子宮中的胎兒取出來，終止這次懷孕。

現在小廣告都宣傳自己無痛無害，甚至說「今天做手術，明天就上班」，也因此給你們造成了一種誤解，覺得懷孕也沒什麼，去做個手術就好了，就像上趟廁所一樣容易。

事實真的是這樣嗎？當然不是！人工流產手術對於女人來說，傷害是非常大的，尤其是青春期的少女。

青春期的少女，身體還在發育當中，生殖系統，包括子宮、卵巢、陰道等等都還沒有發育成熟，因此，她們懷孕時面臨的風險，要遠遠大於成年女性。比如妊娠高血壓、流產、難產的發病率，都要比成年女性高很多。

而且正是因為身體發育不成熟，手術更是會引發不少意想不到的後果，比如取胚胎沒有取乾淨，留下了一部分胚胎和其他組織在子宮裡，造成手術後陰道血流不止。

流產、引產的手術，還有可能造成子宮內膜炎、陰道炎等病症。有的時候可能胎兒已經成形，這個時候再去做手術已經晚了，就只好進行「中期引產」，這種手術不僅非常痛苦，還會使發生子宮撕裂等併發症的風險增大。

多次做流產手術的女性，還會出現子宮異位、子宮壁薄等症狀，嚴重的可能會造成終身不孕。就是說，因為前面太多次地打掉了不想要的孩子，

等到真正想要孩子的時候，她的身體可能已經不具備懷孕的功能了。對於女人來說，如果不能懷孕生子，這將會是一生的遺憾。

　　有些少女為了掩人耳目，手術後沒有得到充分的休息，結果造成治療不徹底、休養不夠，留下了慢性的炎症，為以後埋下了禍根。

　　說了半天，都是人工流產對女孩的影響。不是說手術的技術不完善，會對人體造成影響，其實最根本的核心，還是處青春期的你們，根本就不應該進行性行為。

　　作為男孩子，作為一個應該負責任的男子漢，如果你真的愛一個女孩子，就應該克制自己的衝動，不要讓她承擔這種本來不該有的痛苦。要承擔起愛護自己，也愛護他人的責任。

小小提醒

　　多次做人工流產，甚至會對流產後再懷孕生下的孩子的智力有影響。有專家對大量的相關數據進行統計後發現，多次人工流產後再懷孕生下的孩子，出現弱智兒童的機率，要遠高於普通的孩子。

性病到底有多可怕？

？【我有問題】

到底性病是什麼病呢？和性有什麼關係？性病很可怕嗎？

➡【答疑解惑】

性病，是一類疾病的統稱，這些病都有一個共同的特點，那就是它們是透過性行為傳播的，會嚴重危害人體健康。

什麼叫傳播方式呢？比如感冒這種病，可以透過空氣傳播，如果感冒的你打了個噴嚏，感冒病毒就會被噴到空氣當中，然後當我呼吸時，這種病毒正好又被我吸進了鼻子裡，我就有可能也得感冒，這就是透過空氣傳播。

　　性病一共有三種傳播方式，分別是直接接觸傳染、間接接觸傳染和母嬰垂直感染，也就是患有性病的媽媽懷孕後傳染給了嬰兒。有專家做過統計，九成以上的性病，都是透過性行為而直接傳染的，因此性病的主要傳播方式就是性接觸。

　　性病一共有二十多種，比較常見的包括淋病、梅毒、尖銳濕疣（俗稱菜花）、愛滋病等等。

　　這些名詞你可能很陌生，沒有關係，因為你只需要簡單瞭解一下就可以了，不用太深入研究。只要知道每種病都是什麼樣子，也就夠了。

　　性病的危害很大，也很廣泛，如果不及時發現，或者沒有得到有效的治療，會對人體的生殖系統造成嚴重的損害，最終導致生育能力的喪失。

　　而有的性病不僅會侵害生殖系統，還會攻擊心臟、大腦等人體的其他重要器官，嚴重時可能會導致死亡。所以說，性病是非常可怕的。

　　性病的厲害不僅表現在它的危害性大，還表現在它不好對付上。有些性病是可以用藥物徹底治好的，但是有些由病毒引起的性病，比如尖銳濕疣等，雖然可以用藥物進行治療，但是卻無法徹底治好。你說這可不可怕？

　　性病因為這兩大特點，所以讓許多家庭和社會都帶來了巨大的危害。比如一個三口之家的丈夫，因為某種原因而患上了性病，然後透過性行為，他將性病傳染給自己的妻子，之後他們的孩子或是透過母嬰傳播，或是因為日常接觸也被傳染上了性病，就這樣，一家都會深受其害。

　　因此，如此可怕的性病，相信沒有誰願意沾惹它。作為正要瞭解性知識的青少年，你們更應該從小就掌握相關的知識，不過，究竟應該從哪些方面開始著手呢？

　　首先，要在思想上正本清源，樹立牢固的防線，有正確的性觀念，潔

身自好,避免婚前性行為。

其次,注意個人衛生,經常清洗「小弟弟」,尤其是龜頭的包皮下面,如果發現有包莖現象,要盡早去醫院治療。

第三,注意輸血安全,在醫院看病,需要驗血、抽血、輸血時,注意使用的注射器等器具必須是全新的、完好無損的,絕對不和別人共用。

青少年們從以上幾點做起,就可以遠離可怕的性病,健康走過一生了。

小小提醒

出於預防性病和其他傳染病的考慮,家庭生活中應該注意這些細節:比如被褥要勤洗勤曬,大人和小孩要分床睡,大人和小孩的內衣和外衣要分開洗滌,馬桶要經常擦洗等等,這些都是可以保持健康的好習慣。

愛滋病究竟是什麼？

? 【我有問題】

有一種病叫愛滋病，偶爾聽大人們提起，都是一副很害怕的樣子。愛滋病到底是一種什麼病呢？和性有什麼關係？

➡ 【答疑解惑】

愛滋病其實是性病的一種，它有一個很長的名字「後天免疫缺乏症候群」，這個名字的英文簡稱是 AIDS，讀起來和「愛滋」差不多，所以愛滋病就成了它的中文名字。

愛滋病的罪魁禍首，是一種名叫「人類免疫缺乏病毒」感染，這種病毒最擅長的就是侵害人體的免疫系統。

我們知道人體的免疫系統是對抗疾病的主要防線，如果沒有了它，一個最普通的感冒，都可能讓我們喪命。

愛滋病病毒就是這樣，它將免疫系統破壞，讓患者在任何病毒、細菌面前都變得不堪一擊。最終，一種對於平常人來說很不起眼的病毒，都可能會奪走患者的生命。

而且，這種病還有一個非常可怕的地方，就是它無藥可治，至少以現在的醫學水平來說是這樣的。可能服用一些藥物可以暫時緩解症狀，減輕病人的痛苦，但是想徹底殺死愛滋病病毒，卻還沒有辦法做到。

雖然愛滋病十分厲害，但是相對於地球上的其他疾病來說，它還只是一個新成員，因為它才只有四十多年的歷史。雖然出現的時間較短，但卻不可小視。四十年來，愛滋病已經造成了幾千萬人死亡。現在，這種病毒正在以極快的速度在世界各地傳播。

看到這裡，有沒有覺得愛滋病很恐怖，很嚇人呢？是不是感到有些害怕了呢？其實愛滋病這東西，說起來很嚇人，但事實上，它卻離普通人很遠，這是由它的傳播方式決定的。

愛滋病是性病的一種，因此也是以性行為傳播為主要的傳播方式，此外另兩種比較常見的傳播方式就是母嬰傳播和血液傳播。

母嬰傳播在前面的時候，已經做過了介紹，相信你應該還記得。而血液傳播也很好理解，比如張三患有愛滋病，他的血液輸給了健康的李四，就會把愛滋病傳染給他，這就是血液傳播。

所以，以現在的科學水準，雖然不能徹底制服愛滋病這個惡魔，但是卻完全可以透過一些手段，讓它離自己遠遠的。

這些措施和前面介紹的預防性病的方法差不多，主要是性行為上要潔

身自好，平時多注意個人衛生，輸血、用血等涉及血液的地方，不和別人共用注射器等等。

　　這些都是很簡單、很容易做到的事情，只要平時稍加注意，就能夠讓有「世界瘟疫」之稱的愛滋病，離自己遠遠的。既然如此，我們又有什麼理由不去好好地做呢？

小小提醒

　　愛滋病病毒雖然很厲害，但是當它們存在於體外時，卻很脆弱。它怕熱、怕乾燥、怕陽光，如果在 80℃的高溫下生存半小時，它就會失去活性，不再具有傳染的能力。而一般的消毒劑，比如酒精、家用漂白水等等，都可以要了它的小命。

　　此外，愛滋病病毒還不能透過完好無損的皮膚入侵人體。所以，不用擔心在日常生活中，會遇到愛滋病，即便是和愛滋病病人接觸，例如握手、擁抱，也是安全的。

為什麼會有人喜歡同性？

❓【我有問題】

同性戀是怎麼回事？是對同樣性別的人產生了愛嗎？我想不通，怎麼會有人愛上同樣性別的人呢？

➡ 【答疑解惑】

同性戀，就是愛上了同樣性別的人。

正常的情況是，男人會喜歡女人，而女人也喜歡男人，兩個異性相愛，然後在一起。然而，確實會存在一些比較特別的人，他們喜歡的是和自己性別相同的人。

至於你會想不通，這是正常的。

之所以想不通，是因為你的性取向本身就是異性，是男人喜歡女人，女人喜歡男人，對於你來說，只有這樣才是正常的。

但是，在同性戀者的思維裡，男人喜歡男人，女人喜歡女人，這才是正常的。在你眼中正常的異性戀，在他們看來，反倒是不正常的。所以，就有那麼句歌詞，叫「白天不懂夜的黑」。

那麼，同性戀究竟是怎麼來的呢？有的同性戀者，是先天遺傳的因素，比如他們的父母將自身的同性戀基因遺傳給他們，而到他們這一輩時表現了出來，就成了同性戀者。還有的可能是後天的環境影響。

那麼你可能會問了，同性戀者也會發生性行為嗎？

這一點是同性戀者和異性戀者最大的區別，因為生理構造的原因，同性戀者不能進行異性戀者那樣的「陰莖陰道」式的性交。但是除此之外，那些過程性性行為，比如愛撫、擁抱、親吻等等，同性戀者都可以進行，他們透過這些方式來滿足彼此的性慾。

而專門對同性戀者和異性戀者進行比較的人得出結論：這兩類人在進行性行為時，生理上的基本反應是一樣的。比如一個男人，他和女人發生性行為，與和男人發生所謂的「性行為」，是有一樣的心理反應的，都會經歷慾望、興奮、高潮、射精以及鬆弛的過程。

而社會對同性戀的看法，隨著時間的推移，社會的發展，也經歷了一個變化的過程。古時候有很多地方，認為同性戀是骯髒的，是變態的，嚴重的甚至還會對同性戀者處以死刑。

而現代社會的態度已經改變了很多，對同性戀者變得更加寬容。有的觀點認為同性戀是性心理障礙的一種；還有的觀點更開放，認為同性戀是性取向表現的一種，取「同性」這一項而已，而異性戀則是取「異性」這

一項，二者屬於平等並列關係，有的只是數量相差懸殊的區別，並沒有什麼可恥的。如今，有一些國家已經在法律上允許了同性戀者結婚。所以，我們更應該學習的，是應該怎樣來看待這種現象。

我們提倡寬容，提倡理解，提倡尊重他人，尊重他人的選擇。因此，如果你遇到了同性戀者，不妨以正常的眼光看待他們，而不是觀賞、獵奇或斥責、歧視。

小小提醒

有不少人對同性戀這個特殊群體很好奇，整體來說，他們除了性取向以外，其餘的和異性戀群體並沒有什麼區別，個人特徵也沒有什麼規律。因此在一般情況下，我們並不能輕易地判斷出一個人是否為同性戀者。

另外，同性戀不僅是專屬於人類的一種戀愛情況，在人類以外的其他動物中，也是普遍存在同性行為的，只是這種情感與基於高級情感的人類同性戀愛來說，不可同日而語。

跟好朋友形影不離
算不算同性戀？

？ 【我有問題】

我們班的小玲和小虹兩個女生整天形影不離，比最好的朋友還要親密，早晨牽著手一起來，下課十分鐘，恨不得有十一分鐘在一起。她們倆是不是同性戀啊？

➡ 【答疑解惑】

這是青春期的男孩女孩一種比較特殊的友誼形式，名字叫作「同性依戀」，雖然看起來和「同性戀」差不多，只多了一個依字，但是本質上這

兩者之間卻有著千差萬別。

同性依戀其實是友情的「升級版」。

學齡前的孩子，還處於天真爛漫、兩小無猜的階段，也沒有明確的喜惡觀，對什麼事情都充滿好奇，和誰都能玩在一起。

進入青春期以後，隨著年齡的增長，煩惱也在增多，萌動的少男、少女們渴望獲得友誼，渴望和能夠理解自己的人成為朋友。但是這時候，如果和異性的交往親近一些，便容易招來周圍人的注視和非議，相對來說，和同性的交往就變得非常安全。

注意，這只是在交朋友，只是在找無話不說、形影不離的朋友，和性無關。

這種朋友的前提是，對方的某個方面，讓自己嚮往和認同，他或她的什麼特點，正是自己夢寐以求的。比如有的女孩從小被嚴格管教，那麼她的內心就會渴望自己能夠成為一個自由灑脫的女孩子，而擁有這樣氣質的女孩，自然就容易吸引她的目光。而有些男孩子則願意結交見多識廣的人，這樣他就可能對那些富有創造性、有自己見解的「哥哥」產生崇拜之情。

這就是同性依戀，是對友誼的渴求，是對認同感的追求，青春期的他們無法在異性那裡獲得，所以只好轉向同性了。這是和同性戀截然不同的。

同性戀者一般在幼年的時候，就對同性有好感和好奇，喜歡觀察同性的一舉一動。這樣的舉動一直延續到進入青春期，他們依然對異性沒有產生好感。而同性依戀一般出現在初中時期，同性依戀很短暫，隨後就會正常走向「兩性愛慕期」。

所以，作為家長，不要看到孩子和同性過從甚密，就冒冒失失地給孩子扣上「同性戀」的帽子。作為同為青春期的旁觀者，比如提問題的你，

則更要正確認識這個現象，不要因此嘲笑他人。

　　雖然同性依戀不是同性戀，但家長們也不能徹底放心，如果稍不注意，同性依戀還是很有可能會變成同性戀的。所以，家長們應該對孩子進行積極正確的引導。

　　那麼，究竟應該怎麼引導呢？

　　首先應該從思想上正本清源，改變為了防止早戀，而對孩子和異性交往疑神疑鬼的做法，不妨以正常的眼光看待，這樣就不會讓孩子的交友範圍被侷限在同性範圍內。

　　其次，還要鼓勵孩子多多交友，無論性別是否相同，只要是志趣相同的好孩子，都可以交朋友，防止他們沉浸在自己的「二人世界」中。

小小提醒

　　家長的態度很關鍵，如果發現孩子有同性依戀的傾向，切不可粗暴地當場斥責他們，這容易在他們幼小的心靈上留下難以磨滅的傷痕。

　　合理的態度應該是循循善誘，因勢利導，在溫馨親切的氛圍中，鼓勵他們去和更多的人交往。

同性戀是性變態嗎？

我聽說有人認為同性戀是「性變態」的一種，真的是這樣嗎？性變態到底是怎麼回事呢？

【答疑解惑】

「性變態」的「變態」，和你在生物課上學到的那個變態──蝌蚪變青蛙、毛毛蟲變蝴蝶──可不是一個意思。

「性變態」又叫「性異常」，性變態的人，他們在釋放自己的性慾時，不是像正常人一樣透過性行為，而是透過其他一些很不正常的方法，具體是什麼方法，過一會兒我們再說。

　　為什麼會有性變態呢？關於原因，現在還不能告訴你一個確切的答案，不過一般認為，心理狀態的變異是出現性變態最主要的因素。其他可能的因素包括內分泌功能失調，缺乏異性交往、遺傳等等。

　　性變態的人，一般在兒童期和青春期就開始出現病態，他們在人際交往中沒有障礙，他們「變態」的只是和性有關。

　　性變態的種類很多，可以列出一個長長的單子：戀童癖、異裝癖、戀物癖、露陰癖、戀親癖、性施受虐癖、戀獸癖、戀屍癖等等，有些人認為，同性戀也應該算是一種性變態。

　　那麼，性變態產生的原因是什麼呢？

　　性變態的病因學至今仍無確切的定論。學術上的解釋大致有如下幾種：

1、行為學論

　　認為父母對孩子的性角色期待和教養，對孩子性心理的形成有很大的影響。例如，家長想要一個女孩，就把男孩當女孩對待，在稱呼、打扮，玩玩具、遊戲等方面都與女孩一樣看待，並讓其與女孩一起玩耍，日久天長，男孩就可能出現性變態傾向。

2、精神分析論

　　性變態者常常存在不同程度的人格缺陷，這種缺陷可能是由於幼小時受過特殊的心理刺激，到成年後暴露出這種刺激產生的嚴重後果。

3、生物因素論

　　性變態可能與遺傳、內分泌等生物因素有關。

　　以上三種觀點都值得研究。性變態的產生與社會環境也不無關係。主

流觀點認為性變態的形成,既有遺傳、內分泌等內部因素,也有社會環境、教育等外部因素。對不同個體來說,原因也不盡相同。

小小提醒

預防性變態的產生,需要一個好的社會環境,應提倡一般心理衛生原則和道德教育,例如家庭的和諧、兒童的良好教育、異性之間的正常交往和接觸、科學的性知識教育等。盡力減少、接觸和消除那些致使社會成員產生變態心理,及出現變態行為的條件和環境。

男生也會遭遇性騷擾嗎？

？ 【我有問題】

常在電視裡看到「性騷擾」這個詞，比如某個公司裡面，好色的男老闆「性騷擾」漂亮的女員工，我所聽說的好像都是男的騷擾女的，所以男生就不會遭遇性騷擾了是嗎？

➡ 【答疑解惑】

要想回答這個問題，得先知道到底什麼是性騷擾。

什麼是性騷擾呢？一方故意對另一方從事，或者是提及和性有關的言行舉止，而令對方感覺到不舒服、不自在、被傷害、被侵犯，而對日常生活產生了比較大的壞影響。

有些行為是你知道的，肯定屬於性騷擾的，比如性侵犯，還有一些行為可能你會不以為意，其實那也是性騷擾。比如要求，或是強迫摸你的隱私部位；讓你一起看色情的頻道、照片或者書籍；拍攝你的裸體照片或影片；對你說些猥褻、挑逗的話等等，這些都是屬於性騷擾。

性騷擾不僅僅是男的對女的實施，男的一樣會被性騷擾，甚至是被男人騷擾。

也許你覺得這有點小題大做了，大家都是男人，摸一下就摸一下，也沒什麼大不了，怎麼就變成性騷擾了。

很多人都和你是一樣的想法，也許在日常生活中，你們還經常用這個開玩笑，而且有時對方的行為正是你求之不得的，比如拉你一起看黃色影片。

要說明的是，有些真的想要騷擾的人，正是利用了這種心理，這些一般來說無傷大雅的行為只是第一步，利用你對性的好奇心來誘惑你，引你上鉤。一旦你進了他們的圈套，事情就完全不是你想像的那樣了，如果你不懂得拒絕，就會被一點一點拉下水，或者是被侵犯，或者是被引誘、被威脅去參加一些對別人進行侵犯的事。

這聽起來有些嚇人，但是這絕不是危言聳聽。初入社會的你們，就應該對什麼事都多留心，尤其是和陌生人交往時，更要提高警惕。

那麼，面對這種問題時，究竟應該怎樣面對呢？

首先，還是思想上的問題，你應該對性騷擾這個事情有一個明確的概念，即使是男人，瞭解一下也是必要的，因為即使是男人，也不能排除被騷擾的可能。

其次，要樹立自己的標準和底線，比如，你可以這樣設定：被內褲蓋

住的部位，是堅決不能讓別人摸的。但是，如果對方的行為讓你很不舒服的話，就算沒有超越這條底線，你也可以堅決制止他。

而除了動作、身體上的接觸以外，語言上的性騷擾也不能忽視，如果讓你感到不舒服，那就堅決拒絕。

最後，要時刻提醒自己，對你進行騷擾的，可能是男的，也可能是女的。記住這一點，就是不要試圖占別人的便宜，也就會減少自己的麻煩。

小小提醒

如果真的遭遇了性騷擾，你要知道，這絕對不是你的錯。一定要去告訴爸爸、媽媽和老師，如果有必要也可以去看心理醫生，去醫院做檢查。不要因為害羞、難為情等等而不敢說，這樣會給你自己的心靈帶來更大的損傷。沒什麼好羞愧的，又不是你的錯，如實說出來就是了。

男孩不好意思
問的事

THE THINGS
BOYS FEEL SHY
TO ASK

CHAPTER 3

情竇初開的季節

　　和小女生交往時，你是否也有面紅心跳，緊張不已到不知所措的時候？面對喜歡的女孩，你是否曾鼓起勇氣和對方表白呢？當你的表白，被對方拒絕的時候，你又是怎樣傷心難過，怎樣度過這段時間的？老師和家長總是在你們的耳邊說著「不許早戀」，不允許你和哪個女生走得太近，你知道這是為什麼嗎？

　　現在的你們，正處在情竇初開的時候，自己的感情問題沒有辦法解決，老師和父母又對你們和女孩子交往的事情十分在意，這一定讓你感到非常困擾吧，那麼，如何才能解決這樣煩人的問題呢？

我還可以跟女生玩嗎？

❓【我有問題】

麗麗是我的鄰居，從小我們就經常在一起玩，上了初中以後，我們又分在一個班級裡，所以我們天天都一起上學、一起放學。但是在班上有些同學中卻有一些風言風語，說什麼我和麗麗在談戀愛……真是苦惱。

為什麼小的時候男孩女孩在一起玩都沒有事，現在我們長大了，男孩女孩在一起，卻要被人指指點點呢？那我還可以和女生一起玩嗎？

➡【答疑解惑】

當你還是一個小男孩的時候，你可能經常和一群小男孩小女孩玩耍，大家並沒有意識到彼此性別上的不同。

　　然而，隨著年齡的增長，尤其是在進入青春期以後，在雄性激素的作用下，你的生殖系統開始發育完善，男性意識也開始覺醒。你會在心裡強烈感覺到男女有別，意識到男人和女人的交往，不再和男人與男人之間的交往完全一樣。

　　因此，意識到了不一樣以後，你的心裡自然而然就會產生一種對異性朦朧的好奇心，你會渴望去瞭解她們，同時也產生了對她們的一種青澀的愛戀之情。

　　此時的小男孩們開始有意識地對自己的儀表進行修飾，比如忽然就注意起穿衣打扮、舉止談吐，希望自己的一舉一動都能夠引起異性的注意。

　　因為這是你們在人生中首次對異性產生感覺，因此，有時候你們刻意想要做好的表現，往往卻造成了相反的效果，讓你們看起來反倒有些好笑。

　　比如，有的男孩會在女孩面前異常興奮、熱情，用各種方式來表現自己，希望以此獲得對方的注意，其實從大人的角度看，這樣的興奮、熱情很好笑。還有的男孩則在異性面前呈現出不知所措、慌亂和羞怯。

　　因為初次感覺到異性的存在，小男孩們難免會有些惴惴不安，就像上面提出的問題，因為自己和鄰居家的小女孩一起上、下學而招來了閒言碎語，就產生了能不能和異性一起玩的疑問。

　　答案當然是能一起玩啊，你看大人們的世界裡，不是都是男男女女在一起生活、工作、學習嗎？

　　對於和異性交往，心理學家認為，男和女在性格、思維等方面有很多不同，因此，異性交往，可以在很多方面形成互補。

　　心理學上還有個詞，叫「異性效應」，就是說和只有同性參加的活動相比，參加有男有女的活動，會讓參加者們感到更加愉快，做什麼都能更

起勁！

　　不過，青春期是一個非常特殊的階段，你的人生觀、價值觀、世界觀都是在這個階段走向成熟的。也就是說，這時你的「三觀」還不是很成熟，情感認識也談不上理性，因此，在和異性交往的過程中，還是要注意一些問題。

　　互相尊重、互相理解，這是男女交往中最重要的一點。不管是氣質、性格、愛好還是生理方面，男女都有比較大的差異，因此，要尊重對方、理解對方，正確認識這些差異，才能維持和異性的友誼。

　　男女畢竟有別，真正的異性好朋友，交往過程中不可過於隨便，一舉一動都要大方得體。有些時候你們單獨相處，要注意選擇場合，儘量不在偏僻、封閉或黑暗的地方長時間停留，以免引起不必要的誤會。

小小提醒

　　如果遭遇像提問題的小男孩這樣的情況，最好的辦法就是「置若罔聞」。俗話說「見怪不怪，其怪自敗」，製造和傳播流言的人見你都沒有反應，也就自然會因為感到無趣而不再傳了。

這就是「暗戀」嗎？

？ 【我有問題】

我感覺我喜歡班上的同學小倩了，她是那麼美麗，我的眼睛一秒鐘都不想從她的身上移開，我想時時刻刻都和她在一起。但是，我又沒有勇氣說出來，我這是「暗戀」嗎？

➡ 【答疑解惑】

沒錯，這就是暗戀！比純真的初戀還要美的暗戀。

青春期性意識萌發，沒有哪個少年不曾默默喜歡上一個女孩子的。暗戀的感覺很奇妙，接下來我們引述一段一個男孩的日記：

我感覺我真的喜歡上一個女孩了，那是一種我從未有過的感覺，很奇

妙。

那個女孩是隔壁班的，我現在真的相信這世界上有一見鍾情存在了，因為在我第一次看見她時，我就喜歡上了她，她純真可愛，美麗善良……我簡直找不出更好的詞來形容她的好，她就是這世界上最漂亮的女孩，我每天都想見到她，我每天好像都被一種奇妙的感覺牽引著……我的情緒也隨著她而變化，她高興，我就開心，她傷心，我也會難受。當我自己心情不好的時候，只要一看到她，心情馬上就變好了。

我真的可以確定，我這就是愛上她了。但是我又很鬱悶，因為我並不敢說出我對她的愛，因為她是那麼的優秀、那麼的漂亮，我又是如此普通的一個男生，她一定不會喜歡我的，我應該怎麼辦啊？

從這段話就能看出，這個小男孩的寫作能力相當好，他真實地描繪出一個情竇初開少年郎的奇妙心理。

其實，大多數的時候，男孩心中那個傾慕的女孩，並沒有他描繪的那樣完美，然而，在他的眼裡，她卻彷彿是這世上最美好的女孩，這就是「情人眼裡出西施」。

這說明喜歡一個人，有了所謂的「感覺」，是主觀而片面的。這個時候如果有人告訴他，這樣喜歡一個人是不對的，是不應該的，他一定不會同意。而且，如果家長反對的話，他一定還會以青春期特有的叛逆心理來進行反抗。

其實大多數青春期男孩都有自己心儀的女孩，但是因為種種原因，這樣的喜歡最後大部分都變成了暗戀。他們不但不敢說出口，還為自己帶來了不小的煩惱，就像這段日記的男孩一樣。

那麼，青春期的男孩子們，到底該如何對待這份隱藏在心中的感覺呢？

　　青春期的孩子大部分都還在上學，對此時的他們來說，這種感覺既甜密又混亂，容易影響情緒，進而影響學業。所以，此時最明智、最理性的選擇，還是將這個小祕密深深地埋藏在心裡。讓這份初戀的感情在心中發酵，隨著時間的流逝而歷久彌新。等進入青年時期以後，再回想起這段感情，你一定會發出會心一笑的。

小小提醒

　　有人這樣說，青春期的暗戀，不過是一種基於性意識啟蒙的白日夢。之所以會感覺自己喜歡上她，其實不過是她的某個特點契合了自己的心意，而自己便將她當成了這個愛情白日夢的主角罷了。

　　這只是一場青春的夢，美麗，但是並不現實，這也就是為什麼很多青梅竹馬的男孩女孩，最終並沒有在一起的原因之一。

我有點害怕和女生接觸

？【我有問題】

我現在有些害怕和女生接觸……雖然她們可能只是問我一道作業題，或者是向我借一支筆而已，但是我卻害怕和她們說話，一說話臉就熱到不行，這是怎麼回事？

➤ 【答疑解惑】

青春期的男孩性意識剛開始萌動，對待女孩容易產生兩種相去甚遠的反應。一種是對女孩非常好奇，渴望接觸，因此會刻意去接近女孩，樂意在女孩面前表現自己。

另一種則相反，他們會很害羞、緊張，對和女孩接觸產生了莫名的恐

懼心理。

這個提問的小男孩就是這樣。他其實清楚得很，他對女孩並沒有什麼反感的意思，他只是無法克服自己心中的障礙，而不自覺地遠離她們，即便她們找他只是很簡單的事情，比如問一道作業題，或者是借一支筆。

這樣的事情其實在青春期是很常見的，你觀察一下就會發現，每個班級裡，都會有幾個很害羞、不敢和女孩說話的男孩，甚至連有女孩路過，他們都會臉紅。這被稱為「異性恐懼症」。

造成這樣的情況，可能有兩方面的原因。一種是男孩子本身就和同齡的女孩接觸少。接觸少，經驗自然就少，所以在和女孩打交道時，就會感到不知所措。

還有一種是他們的父母給予的教育比較傳統，導致他們認為男孩女孩的關係很複雜、很神祕，所以在心中自然而然的形成了一種障礙。

兩種情況造成一種現象，那就是這些害羞的男孩害怕出糗、害怕被嘲笑、害怕被無視。所以，即便是有和女生交往的機會，他們也會避之不及。

那要如何才能糾正這種現象呢？

其實很簡單，只要這些男孩能夠自然面對就可以了。這個過程並不是一蹴而就的，而是需要循序漸進，慢慢進行。剛開始的時候，他們可能還是老樣子，會感到很害羞，容易臉紅，但隨著年齡的增長，和女孩接觸的機會越來越多，慢慢也就鍛鍊出來了。

如果想主動出擊，改變自己害羞的窘態的話，那不妨先從以下兩點著手。

首先，要轉變觀念，不要再把女性視為「洪水猛獸」，她們沒什麼可怕的，男孩女孩一樣可以成為好朋友，只要你真誠地和她相處，通常她不

太會拒絕你的。

你不妨先在自己的朋友中，比如你的前桌、同桌的女孩，找那麼一、兩個你認為比較隨和、好相處的，作為「練習」的目標，經常和她們交流。時間長了你就會發現，和女孩相處，其實是一件很簡單的事情。

其次，你也可以觀察那些比較開朗的、和女孩相處得很好的男孩是怎麼做的，他們在聊天時是怎麼樣的，又都在說些什麼，然後自己有樣學樣，自然也會事半功倍。

其實，說一千道一萬，最重要的還是你自己的心態，看問題時能夠做到淡定平和、臨危不亂，在面對女孩子的時候，也能夠不害羞。只有擁有了這樣的心態，才能辦好其他的事情。

小小提醒

男女之間交往是一件十分自然的事情，試想一下，那些在學生時期和女生說話都臉紅的男生，長大成人以後如果還是這樣，怎樣去融入男女混雜的社會？將來怎樣和女子組成自己的家庭？這些都是實實在在的問題，因此，那些有「異性恐懼症」的男孩子，應該盡早認識到自己的問題，然後勇於改正，大大方方地去和女孩正常接觸，為以後的生活打好基礎。

我的表白被拒絕了，怎麼辦？

? 【我有問題】

　　我喜歡上了隔壁班的晶晶，我鼓足勇氣寫了一封情書給她，但是卻被無情地拒絕了。她說從來都是只把我當哥哥……現在我的心現在好亂，該怎麼辦？

➡ 【答疑解惑】

　　我現在非常能理解你的心情。

　　進入青春期的男孩，正處在一種心理上的斷乳期，此時他們的內心是寂寞的、孤獨的，他們渴望有人傾聽，渴望有人理解，渴望獲得心靈上的關懷。因此，產生青春期的戀情也就不是什麼偶然的現象了。

其實，這時候的戀情，還不能稱得上是真正的戀情。男孩很可能就是和他認識的某個女孩有不少的共同話題，或者平時走得比較近，比如上下學同路；或者僅僅是被班上調皮的同學調侃起鬨，就單純地對愛情產生了幻想，以為自己和她有什麼特殊的「緣分」，並逐漸陷入自己編織的美麗的夢裡。

於是，一個他們認為最合適的表達方式——情書就出現了。相對來說，情書是一種比較安全的方式，不容易被老師、家長知道，同時用筆寫總比當面說要容易得多。因此，青春期的男孩多半用這種形式表達自己的心聲。

但是，非常不幸的是，這時候的情書，大部分都會被無情地拒絕，這是心理專家們統計出來的結果。當自己滿懷真情炙熱的表白撞在冰冷的鐵板上時，傷心失望是在所難免的，這可以理解。

說實話，被人拒絕沒什麼大不了的，太將這件事當一回事，不僅會影響自己的學習和生活，還會給其他人帶來一定的負面影響。

其實，該學會懂得一個道理，就是被拒絕的愛，同樣也是美麗的。你雖然被拒絕了，但是至少說明你已經勇敢地向她表達了自己的愛，不管結果如何，你做出了嘗試，就是成功的，因為你戰勝了自己的恐懼。所以，千萬不要再去責備這樣勇敢的自己了！

你還應該明白這樣的道理，想要每個人都喜歡你，這樣的事情即使到了下輩子也不會發生！如果你能夠遇到一個你喜歡的人，同時她也喜歡你，這其實是一件萬幸的事情，是一件值得珍惜的事情。試想，如果只要是你喜歡的人就都會喜歡你，這麼唾手可得的愛情，又有什麼珍貴可言？

所以，你喜歡的人不喜歡你，這才是常事，你不能因此就對自己失去了信心，對生活失去了信心。

　　時間是你唯一需要的東西，你喜歡而又喜歡你的那個她早晚會出現，只要你仍在生活道路上前行，終有一日會遇到那個她。

　　不管怎麼說，當你火熱的「愛」被拒絕的時候，確實會讓你產生失落感，這是不可避免的，這時，你需要的是轉移自己的視線，不要把所有的目光、精力都放在那個女孩身上，有句話說得好：生活中不是只有愛情！

　　你可以去做喜歡做的事情，做什麼可以讓你忘掉煩惱和不開心，就去做什麼，只要能夠讓你暫時忘記就行。找好朋友聊天、進行體育運動等等都可以，這其實是一種發洩方式，將心中的鬱悶發洩出來就會好很多，總比一個人悶著強。

小小提醒

　　有的男孩被對方拒絕了以後，便開始躲著她，從此再也不敢與她接觸，兩個人形同路人。其實，大可不必這樣。你應該做的是敞開自己的心，去接觸更多的人。這樣在你心中她的分量就會變得越來越小，也許你還能發現比她更好的選擇呢。

　　或者，你也可以嘗試和她成為普通的朋友，雖然這樣做不能收穫愛情之花，但能欣賞友情之樹也是很棒的。

「單相思」要如何排解？

？【我有問題】

我喜歡上一個女孩，但是我沒有勇氣對她說出口，腦子裡整天浮現的都是她的影子，用大人們的話來說，這就是「單相思」吧？

我應該怎麼辦？

【答疑解惑】

所謂「單相思」，就是一廂情願的愛慕。一般性格比較內向、敏感、愛幻想、內心世界比較豐富的男孩會比較容易發生「單相思」。

單相思的前提是首先你要愛上了她，然後你又希望能夠同樣獲得她的愛。在這種心理的支配下，男孩很容易將她的熱情大方、親切和藹都當作

是她對自己愛的表示。其實，也有可能是她對誰都很好，是你自己想多了。

　　單相思分兩種，一種可以稱得上是毫無理由的單相思，她對你什麼表示都沒有，甚至根本不認識你，但是你卻異常執著地愛著她。這種單相思，是純粹的「單向」。

　　還有一種是自認自己「有理由」的單相思，將她的一個其實沒什麼的動作、一笑一顰當作了對你有情。這是一種假「雙向」，真「單向」。

　　不過，不管是哪種單相思，你都就此陷入「剃頭擔子一頭熱」的境遇。當然，男孩從這種幻想中會獲得一些快樂，但是收穫更多的絕對是痛苦，因為你無法像正常的男女情侶那樣，可以向她傾訴自己的愛，並且感受到她的溫馨回應。

　　所以說，單相思是一種不會有結果的愛，是一種注定絕望的等待，是對自己感情的折磨。早日從這種泥潭中掙脫出來，才是正道。

　　那麼，想要擺脫單相思，應該怎樣去做呢？

　　首先，應該對戀愛這個事情有一個正確的認識。什麼是戀愛？男女之間互相愛慕，這才是戀愛。注意這個詞，「互相」，這是愛情產生的必要前提，不是互相的，那就什麼都不是。比如你的單相思，只是你的一廂情願，不會有任何結果，也沒有任何價值。

　　接下來，你應該擴大自己的交際範圍。一般沉浸在單相思中而不能自拔的，都是比較內向的人，所以要擴大接觸面，多和異性接觸。見得多了，也就能坦然面對，對某一個人的感情也就淡了。

小小提醒

　　應該學會用理智來戰勝感情。一旦已經形成了單相思，就要在頭腦中強行喊「停」，用理智主宰感情進行轉移，逐步將情感和注意力轉移到學習、生活等其他更有意思的事情上去。

　　一段時間的堅持過後，你會發現，單相思的失落和迷惘已經不知所蹤了。

我收到「情書」了，
應該怎麼做？

？【我有問題】

今天下課時，後座的那個女生忽然走過來塞給我一封信，我看到她臉紅紅的，我和她根本不熟……回家以後我打開了那封信，才發現原來是一封情書。

我呆住了，我對她沒什麼感覺，那我應該怎麼回覆她呢？

【答疑解惑】

首先得說，你這種情況比較少見。

一般來說，都是男孩寫情書給女孩表達愛意，而反過來的情況實在少見。也不是說絕對沒有，那些長相帥氣、學習成績優異的男孩，也可能為女孩子所傾慕，如果她又是個勇敢的女孩，那一封寫給男孩的情書也就出現了。

再說你的表現，你的「呆住」是正常的，情竇初開的你，收到了異性送來的情書，臉不紅心不跳才奇怪。不過，接下來你應該怎麼做呢？

當面直接拒絕當然不行，女孩子臉皮薄，你應該顧及她的面子。既然她寫信對你示愛，那你不妨也寫一封信給她。

你要很認真地告訴她，請她放棄這種念頭，學生現在最應該做的是抓緊寶貴的時間努力學習，談情說愛不是現在應該做的事情。這裡面有一個小竅門，就是你可以先稱讚她的優點，比如人品方面和才華方面的，然後再提出拒絕的理由，最好是站在她的角度上來看，提出有利的一面，讓她感覺，你拒絕她，也是為了她好。

如果她不放棄，一而再，再而三地窮追不捨、死纏爛打的話，你可以明確告訴她，再這樣糾纏，你就要去告訴老師。

總之，你的用詞可以委婉，語氣可以溫和，但是一定要做到態度堅決而明確，一點餘地都沒有。一般來說，這樣對方也就會放棄了。

還有的女孩比較含蓄，她們喜歡你，但是卻不是透過寫情書這麼直白的方式來告訴你，而是運用暗示，比如總找你一起寫作業、一起出來玩等等。

遇到這種情況，其實更好辦，你只要裝作什麼都不知道就好，但是，要儘量避免和她單獨相處。相信如果她是一個夠聰明的女孩，也會明白你的舉動是什麼意思了。

　　總之，作為一個男孩子，有女孩子喜歡你，甚至主動遞上情書，這是一件好事，這說明你有魅力，值得高興。但是一定要儘量避免這樣的事情，因為青春期是長身體、學習知識的黃金時代，你們的世界觀還沒有形成，對一切都還很懵懂，如果這麼早就陷入了所謂的愛情漩渦中，一定會影響身心健康，甚至會影響學業。而且，這樣的愛情也不會有什麼結果，那樣你就真是得不償失了。

　　所以，你要學會理性地看待女孩的示愛，學會理性地處理這件事。

小小提醒

　　被女孩子喜歡，你應該感到驕傲和高興，就算你不喜歡她，你拒絕了她，你也應該尊重她對你的這份美好情感。所以，切不可以抱著「有個女生追我，看我多有本事」的想法四處去炫耀，當作笑話去講，這是一種極不負責任的表現，不僅會傷害女孩的自尊心，也會毀壞自己的形象。

我是真的愛上她了嗎？

❓【我有問題】

她是我的同班同學，長得並沒有很漂亮，但是她人緣很好，班上很多男孩子在下課的時候都會悄悄討論她，而我也喜歡和她說話。

今天放學的時候，我還鼓起勇氣偷偷親了她，難道我是愛上她了嗎？

➡【答疑解惑】

在回答這個問題之前，首先應該明白真正的「愛」是什麼。

愛是一種發自於內心的情感，一旦愛上一個人，就會希望對對方好，看不見時會想念，看到後心情會自然變好，希望能和對方組建一個完整的家庭。

愛的本身是一種強烈的喜歡，強烈到產生占有、依賴等感覺和慾望。但我相信，此時你對這個女孩子的感情，並沒有那樣的強烈，因此只能算作喜歡，還達不到愛的標準。因為此時的你，只是很喜歡和她在一起，喜歡悄悄地看一看她，一定沒有考慮以後的事情。

處於青春期的你們，情感意識才剛剛萌芽，在這個時候會喜歡上一個人是一件很正常的事情。

你們每天都在學校裡待著，除了能見到老師，就只能看到同學而已。而在和同學交流的過程中，會產生這樣的感情，也是非常正常的事情。但要知道，這種感情並不是愛，只是介於友情和愛情之間，單純的喜歡而已。

你是不是覺得這個女孩學習很好，很厲害？每次考試她總能排名在前面，而且老師上課提問的時候，她總能正確回答，和同學交流的時候，她又可以旁徵博引，好像上知天文下知地理，無所不知一樣。你是不是很羨慕她的聰明，總是三不五時地被她吸引了自己的目光？

有些時候，喜歡一個人，也許只是因為對方的一個微笑，看起來很可愛或者很好看，讓自己覺得很喜歡；也許是因為對方學習比自己好，正好彌補了自己內心的缺陷，進而更加吸引自己的目光。

這個時候的喜歡很單純，很乾淨，因為在你們的心中不會想太多。只希望能夠看到對方，或者多接近她，和她說說話，再或者就像你說的，自己偷偷親了她。但我想，當第二天再看到這個女孩子的時候，你一定會感到忐忑，因為不知道是不是會讓對方生氣。

此時對一個人的喜歡，也許不會持續很久。等到你們上了高中，或者進入大學，與她分開的時候，當初對這個人的喜歡，也許會被你淡忘，當再一次被提起的時候，你會微微一笑，坦然面對，這也就是青春期，少男、

少女偷偷喜歡一個人最美好的地方。

　　因為再一次想起，只有會心一笑，心中淡淡的甜美，不會有愛情的刻骨，也不會有相愛之人分離的悲傷。

小小提醒

　　偷偷喜歡一個人很正常，但不能因為這種喜歡而做出一些傷害對方，或者傷害自己的事情。

　　當然，偷偷親吻對方，這也是不好的事情。不僅會讓自己陷入尷尬的境地，還會給對方帶來一定的影響。還是年少的你們，應該正確處理這樣的事情，不要讓此事影響到自己的學習和生活，不要忘了，現在的首要任務，是好好學習哦！

為什麼我老是想在女孩
面前表現自己？

？ 【我有問題】

　　我發現我最近變得虛偽了，就像今天上午那件事，我看見小麗提著一桶水從我面前走過，我不由自主就走上去，幫她提回了教室。

　　其實我當時根本不是想幫助她，就只是想在她面前展現我「有力量」的一面，我這是怎麼了？

➡ 【答疑解惑】

　　這種現象再正常不過了，其實不只是青少年，連進入成年還有這樣行

為的男人也大有人在！比如，打球時，有女生圍觀便會分外賣力；比如，勞動時，搶著去做粗重的工作，以顯示自己很能幹等等。

為什麼會出現這種情況呢？有三個原因。

首先，是你體內分泌的雄性激素對你的刺激。進入青春期以後，雄性激素大量增加，賦予了男孩男子漢的特性，導致他們會比女孩在探索、領導和創造方面的慾望更強一些，因此，男孩會很喜歡在女孩面前表現自己也就不奇怪了。

其次，青春期的男孩開始對同齡層女孩產生濃厚的興趣，他們渴望和她們接觸，尤其是希望自己心儀的女孩會注意到自己，所以，他們就會利用各種場合、機會，想方設法表現自己，以吸引她們的注意力。

還有最後一點，和青春期無關，主要是男孩的獨立意識要比女孩產生得早。換句話說，他們會早女孩一步走向獨立。專家曾經做過實驗，他們觀察同為六個月大的男嬰女嬰，他們在遇到困難時，女嬰的表現就是一味地哭泣，而男嬰已經開始試著自己摸索，自己想辦法解決困難。所以在面對同樣問題時，男孩的表現往往更加鎮定，這是男孩的一種本能。

以上這三個原因，決定了男孩特別喜歡在女孩面前表現自己。這其實也就是前面說過的「異性效應」的原理：因為很關注女孩，所以才會希望透過自己的表現來贏得她的注意，進一步贏得她的好感。

所以，你可以放心，這並不是什麼「裝虛偽」的表現。你知道嗎？你可以合理地利用這種心態，讓它發揮積極的作用。比如，上課時積極發言，按時、高效率地完成老師出的作業，考試考出優異的成績，這同樣是一種表現自己的行為，還更能引起女孩的注意，獲得她們的尊敬。就算最後沒得到她們的芳心，你還能收穫了好成績，如此穩賺不賠，你何樂而不為呢？

小小提醒

有些「表現」是好表現，比如上課積極發言，不過有些「表現」就不可取了。比如有的男孩武俠、黑社會題材的影視劇看多了，認為打架、抽菸等行為很威風，很霸氣，非常能顯示自己有「男子氣概」，於是開始模仿，以引起女孩的關注。

其實這些都是屬於不健康的行為，只要是一個正常的女孩，都不會被這些行為吸引，相反的還會非常反感，甚至會覺得這樣的男孩是一個沒修養、沒素質的人，避之唯恐不及，又怎麼會喜歡？

女孩都喜歡壞壞的男孩嗎？

❓【我有問題】

我本來一直以為「老實」是個優點，甚至因為自己老實而驕傲過，但是現在我卻發現，在女孩眼裡，老實已經成了貶義詞，她們好像都喜歡「壞壞」的男孩，這是真的嗎？

【答疑解惑】

你有這樣的想法，說明你的性意識已經開始萌發，已經開始希望透過自己的魅力來引起異性的注意了。

你說的這種情況，女孩更喜歡「壞壞」的男孩，也確實是存在的一種現象。

　　這一點都不奇怪，因為這個時期的女孩也和你們一樣，剛進入青春期，心理發育也不是很成熟，之所以那些看起來「壞壞」的男孩受她們歡迎，有可能是一種青春期叛逆心理：老師、學校、家長們提倡什麼，她們就往相反的方向靠近。

　　還有的可能是那些男孩雖然在你看來「壞壞」的，但也是有一些優點，比如仗義、矯健、開朗等等，而這些優點被女孩發現並被她們讚賞。

　　所以，對於這種女孩喜歡「壞壞」的男孩的事情，你不必介懷，也不用因為沒有女孩關注老實的男孩，你就想著去改變自己，讓自己也變得「壞壞」的。你只要做好自己，早晚會有人注意到你的魅力。

　　其實，不管時代怎樣發展，也不管女孩們心中喜歡的男孩標準有怎樣的不同，但她們心中所欣賞的最核心東西，卻由始至終都沒有改變，就是正直、堅強、勇敢、富有責任心、積極向上等，無論什麼時候，擁有這些特點的男人，總是最受歡迎的。

　　一項社會調查結果顯示，女孩最為欣賞的男生十大優點分別是：勇敢，風趣，思維敏捷、應變能力強，好學，團結同學、重視友情，團體榮譽感強，有主見，熱心助人，上進心強，勇於承擔責任、有魄力。

　　這裡面根本就沒有你口中所說的「壞壞的」那一項，所以，不要因為發現女孩喜歡壞壞的男生，就開始自怨自艾，甚至還強行去改變自己身上的特點。要知道，每個人都是這個地球上獨一無二的，都有屬於你自己的特點和專長，你可能相貌不突出，但是你學習成績很好；你可能學習成績不是很出眾，但是運動場上的你卻分外陽光、帥氣等等。

　　所以，你最需要做的就是找到自己身上的長處，然後充分挖掘發揮，這樣，你也可以成為個性鮮明的男生，一定會獲得更多女孩青睞的目光。

小小提醒

　　那些被女生評價為「老實」的男生，也不用就此灰心喪氣，因為每個人的標準都不一樣。有的女孩喜歡「不老實」的男生，她們為他們身上的靈動活潑所吸引，也有的女生喜歡踏實、穩重的男生，認為這樣才最可靠。

　　因此，你不用過分在意異性心中的標準，只要時刻保持昂揚、自信的狀態，努力做好自己，讓自己更加優秀，自然會贏得更多人的喜歡。

我和她之間能有真正的友誼嗎？

❓ 【我有問題】

男孩和女孩之間能有純潔的友誼嗎？就只是普通的好朋友關係，而不朝向男、女朋友的方向發展的那種友誼，會存在嗎？

➡ 【答疑解惑】

這個問題，是很多青春期的男孩女孩都在困惑的問題，甚至很多成年男女都分不清友情和愛情的界限問題。

事實上，友情和愛情是有區別又有聯繫的。

友情是愛情產生的基礎和前提，男女得先認識、先有友情，然後才能發展出愛情，是吧？愛情是友情的高級發展階段。而友情，可能會發展成

愛情，也可能永遠都不會變成愛情。

這樣一說你可能更糊塗了，這樣有關係、會發展的兩種東西，實在是太難嚴格分清楚了，那究竟該怎樣做，才能將這兩種感情，清楚明白地區分開呢？

有一位日本學者總結了愛情和友情不同的五個指標。

一、支柱不同

友情的支柱是「理解」，彼此相互瞭解，不僅是優點，還有缺點，只有這樣才會有友情。愛情則不然，它的支柱是「感情」，它其實是美化對方，將對方視作理想以後才有了戀愛，感情會貫穿整個過程。

二、地位不同

友情中的地位是平等的，雙方可以產生共鳴，也可以產生分歧，這時需要直言相告。而愛情則不然，它強調的是兩顆心的統一，不是互相抨擊，而是互相融合。

三、體系不同

友情是一個「開放性」的體系，而愛情則是「封閉性」的。兩個人因為志趣相同而成為好友，他們自然會歡迎第二個、第三個乃至更多志趣相同的人加入。愛情則恰恰相反，第三者是什麼意思不用解釋了吧？

四、基礎不一樣

友情的基礎是信賴，有了信賴，友情就是真誠的。愛情可不是這麼回事。一對熱戀中的男女，雖然也信賴著對方，但是其中卻夾雜著大量的不安：

我深深愛著她，她愛不愛我啊？她是不是不愛我了，為什麼態度不一樣了？如此這樣，實在很多。

五、心境不同

友情充滿了「滿足感」，兩個人是很親密的朋友時，都會覺得滿足，而不會再想要有什麼要求。而愛情，則充滿了「欠缺感」，在兩個人成為情人的初期，會有「滿足感」，但是這是一時的，慢慢兩人對愛情的要求會越來越高，總希望有更高的愛情保證，這個感覺很難最終滿足。

以上便是區分友情和愛情的五個指標，仔細閱讀、仔細思考，相信就可以區分你們之間的是友情還是愛情，也就能正確處理和女性朋友的關係了。

如果是友情，那就放下包袱，正常地交友就可以了，女孩一樣可以成為很好的朋友。如果是愛情，那對不起了，青春期的你們心理還不成熟，還不適合談戀愛，因此，早些放下，全身心投入正事，比如學習，才是正道。

小小提醒

在和女孩子交往中，一定要將友情和愛情弄清楚，明確界限，萬萬不可模糊不清，那樣可能會造成誤會。只有雙方都很清楚彼此之間的是友情而不是愛情，在日常生活中才能順利交往，給自己、給對方都留有必要的空間。

我喜歡女老師怎麼辦？

？【我有問題】

我們原來的語文老師生病了，學校派來一位大學剛畢業的張老師代課。張老師好漂亮喔，課講得又好，說話聲音還很甜美，我現在上課就一直盯著她看，她講的內容我一句都沒聽進去⋯⋯我是不是愛上她了？

【答疑解惑】

一個剛進入青春期的小男孩，愛上了自己的代課老師。這聽起來好像是天方夜譚，但是，必須說明的是，這是很正常的，這說明這個小男孩情感已經開始走向成熟，已經情竇初開了。

因為在小男孩的眼中，女老師們普遍是有知識、有修養，比較成熟的，

再加上她們的工作需要對學生們循循善誘，熱情幫助，如果她又漂亮大方，和周圍普遍還沒發育、或者剛剛發育的女同學相比之下突出很多，那麼女老師會被某個小男生當作「夢中情人」是很正常的事！

但是，不得不先問一句：這是愛嗎？

答案很可能——不是。

這有可能是一種對異性、對優秀異性的朦朧的好感，還有可能是一種崇拜。

很多小男孩都對幫助過自己的女老師產生過這種感情，其實這根本不是愛，這是「戀母情結」的一種反應。在潛意識裡，小男孩是把這位女老師當成母親去愛了，這裡面更多的成分，是崇拜，是敬畏，而不是愛。

情竇初開的男孩心理還不成熟，情感上是既成熟，又幼稚；既清醒，又迷糊；既狂熱，又消沉。此時的他們開始將目光放在異性身上，心裡憧憬著無比美好的、夢幻一般的愛情生活。

但是，事實上，這時候的他們對到底什麼是愛情知之甚少。以為自己是「愛」上了女老師的你，不妨先想想以下這幾個問題：

第一，也許愛一個人不需要理由，但是一定知道自己愛她什麼。你知道嗎？

第二，愛情是相互的，當你「愛」你的老師的時候，你知道你的老師被你「愛」，是什麼樣的感受嗎？

第三，愛需要責任。愛一個人就要對她的一生負責，你想過這個問題嗎？

第四，愛需要一定的經濟基礎，對於男人來說尤其如此。想想你自己，那點零用錢可能買點零食就所剩無幾了，還拿什麼去愛別人？

好了，相信經過這幾個問題的「刁難」，你已經明白了你對老師的感情，根本就不是愛。

也許你會說，你控制不了自己的感情，上課就想盯著老師看，課都聽不進去，該怎麼辦？這裡，就給你提幾項建議，你可以從以下幾點入手，慢慢改變這樣的狀況。

首先，注意轉移自己的注意力，上課就不用說了，努力把注意力轉移到聽課上來，這才是正事。課餘時間多發展一些興趣愛好，比如閱讀課外讀物、參加體育活動，讓自己充實起來，你會發現那是一個更加廣闊的、充滿生機的天地，自然也就會從那所謂的纏綿中解脫出來了。

其次，平時儘量不要和老師單獨在一起，多和同學們一起玩耍交流，讓自己融入大團體中，這樣就不會沉湎於個人感情了。

小小提醒

青春期的男孩女孩還不成熟，看問題也不全面，他們看到的老師只是老師們在學校的一面，事實上，他們對老師們的全部並不瞭解。

這裡說的另一面，並不是專指缺點、問題，只是強調認識一個人，應該全面地看。情竇初開的少男、少女們最容易犯的錯誤，就是將愛戀的對象美化，這是一種心理誤差，同時也是他們不成熟的表現。

老師為什麼干涉我和
女孩的友誼？

【我有問題】

　　我和小靜因為喜歡集郵而成為了好朋友，下課的時候也會一起研究郵票，但是今天張老師把我找進了辦公室，說了一些話，要我以學習為主，還說我們現在還小不適合談戀愛，聽得我滿頭霧水的。

　　放學後聽小靜說，她們班主任也找她了，說的內容也差不多。我覺得大人真是奇怪了，我和她就只是好朋友，怎麼老師連這也要管？

【答疑解惑】

　　男孩女孩之間當然可以只是普通朋友，父母、老師也是希望你能夠多交朋友的，而且這個朋友還不是只限定為性別相同的朋友。只是，你們現在所處的這個時期有些特殊。其實，你應該理解老師的良苦用心。青春期的男孩女孩，基本都會面臨「早戀」這個問題，這個問題常常帶來各種誤會和曲解，也給你自己帶來了困擾，現在不就是嗎？

　　試想，如果這個問題發生在別的年齡層，就一定不會再有這樣的事情發生。假如你們現在已經是二十幾歲的青年，老師一定不會再將你們叫到一邊，告訴你們「現在還小，不適合談戀愛……等等」。但是在青春期時就不同了，因為這是一個很特殊的時期，這在前面已經強調了很多遍。所以，父母以及老師會對這方面比較擔心是應該的，畢竟他們的初衷都是為了你們好。

　　當然，問題還是在一個「度」上。如果他們關心的手段合理恰當，那自然萬事大吉。但如果變成了疑神疑鬼、過度敏感、草木皆兵的懷疑時，就不好了。在家長、老師的這種擔心下，肯定會出現一些子虛烏有的「早戀」，及一些所謂的「小情侶」。就這樣，原本正常的友情被無情地阻斷，「冤假錯案」也就這樣產生了。

　　假如真的出現了這樣的情況，該怎麼辦呢？

　　首先，你應該理解大人們這麼做是為了你們好，然後再想辦法和他們進行一些必要的溝通和說明。告訴他們，你們之間的交往，只是朋友之間的正常交流，並非他們所認為的早戀。

　　你要相信自己是一個有能力的人，你能夠用一種成熟的、正確的心態來處理這樣的事情。當大人們意識到這一點的時候，他們就會放下心來，並且願意相信你。到那時，什麼事情都會煙消雲散的。

小小提醒

　　遇到家長或老師干涉你和女孩的友誼時，切不可叛逆心理作怪：你不讓我做的事情我偏做，你不讓我們來往，我偏要來往；也不可將想說的話深深埋藏心底，而不向大人們透露。這些都不是解決問題的辦法，理性的做法就是，將事情一五一十說出來，相信大人們都是明辨是非的，不會干涉男孩和女孩之間正常的友情往來。

為什麼大人們都不支持「早戀」？

? 【我有問題】

我聽大人們在談論我們中學生的感情問題時，好像都是很害怕的，他們說這是「早戀」，也都不支持。我想不通，為什麼大人不支持呢？

→ 【答疑解惑】

如果你仔細地看了前面的問題解答，就應該瞭解我們的態度。

提到青春期的感情，我們總是說要以學業為重，現在還不是談情說愛的時候，字裡行間的意思從來都是不鼓勵你們談戀愛。

是的，青春期產生的，和異性的感情被稱作「早戀」。其實，從本質上來說，這並不是一種真正的愛情，而是剛進入青春期的男孩的一種情感體驗，是他們喜歡異性、渴望接近異性的一種正常本能反應。

從人性的角度來說，早戀的產生沒什麼可批評的地方。

但是不能只這樣看，還要從實際出發。剛進入青春期的你們，經濟上還沒有獨立，還在花著父母的錢，而愛情是要有一定的經濟實力做基礎的。更重要的一點，青春期的男孩身心距離成熟還很遠，如果這時候就談情說愛，容易產生很多的問題。

一、會對學習造成影響

雖然青春期的你們身心還不成熟，不過這個時期的你們充滿了青春活力，思想活躍，精力旺盛，記憶力好，而且對新事物非常敏感。因此，這個時期是人一生中最適合學習各種知識、提高能力的時期，以後任何一個時期都不如現在。

此時的你們最應該做的，是將所有的精力都投入到學習當中，為自己的一生奠定好基礎。一心不可二用，想想看，如果這時候被所謂的「戀愛問題」糾纏，那怎麼還有精力學習？

何況早戀所糾纏的問題大多都很幼稚，又不會有什麼結果，這不就是在浪費大好時光嗎？

二、會影響青少年人際關係的培養

青春期不僅是學習書本上知識的好時期，也是學習為人處世、學習社會知識的時候。如果這個時候出現早戀的情況，一定會在一定程度上對學

習造成影響。

已經陷入早戀的小情侶們整天都想要兩個人膩在一起，為了掩人耳目，他們還會儘量找一些沒有人的地方，偷偷地過著二人世界，進而忽視了和別人交流的重要性。

三、早戀還可能對身體和心靈造成傷害

青春期的戀愛，並不是真為感情所驅動，而是為衝動，或者是被對異性的好奇驅使。因此，他們還不成熟的心靈極有可能做出衝破理智防線的行為，比如「偷食禁果」，也就是發生了性行為。

初嘗此間滋味會讓人越陷越深，再加上這個時候的他們對相關知識的缺乏，極有可能會導致女生懷孕。如果真的出現了這樣的情況，那可就沒有什麼浪漫可言了，剩下的就只有驚慌失措和無所適從，以及後悔莫及。

即便沒有那麼嚴重，沒有懷孕，沒有進行性行為，分手失戀之類的精神打擊也夠嚴重了。青少年缺少應對這方面的經驗，處理不好的話，就有可能從此一蹶不振，長久陷在所謂「失戀」的痛苦裡走不出來，自然也就耽誤了正常的生活和學習。

愛情是美好的，愛情之花是聖潔的，但是只有到了一定的年齡，我們才能真正地理解它，才能懂得它的珍貴，懂得如何珍惜它，讓愛情之花，結出豐碩的果實。

所以，在青春期這個還不具備愛情生長的土壤的時期，一旦遇到了這類問題，最明智的選擇，就是將自己全部的精力都放在學習上，拒絕愛情的過早光臨。

小小提醒

為什麼說青春期的男孩心理不成熟,對愛情也缺乏正確的認識呢?

相信你一定聽過「跟著感覺走」這句話,也確實有不少青春期男孩承認,自己談戀愛時就是「跟著感覺走」,「只要有感覺,兩情相悅,自己高興就行」,因此,「不在乎天長地久,只在乎曾經擁有」這句名言很為他們所追捧。

但愛情真是他們想的這樣嗎?愛情需要現實條件做基礎,沒有現實基礎的愛情是空中樓閣,早晚會摔的粉碎。

男孩不好意思
問的事

THE THINGS
BOYS FEEL SHY
TO ASK

CHAPTER
4

青春期的尷尬事

　　你說你晚上睡覺的時候，會夢到自己和某個小女生在做那種事情，白天上課的時候，也會胡思亂想一些齷齪事，這讓你感到很內疚，擔心自己是不是變壞了？看到前桌的小女生那長長的秀髮與迷人的背影，你會控制不住地產生一種衝動，覺得腦子裡好像充血了，整個人也輕飄飄的，是嗎？因為自己的種種變化，你一定很困擾吧。

　　你是否也曾在家裡看到過一種長得很像氣球的東西，它的包裝上還畫著一個金髮碧眼的美女，你知道它是做什麼的嗎？無意中看到了男女光著身子摟在一起的畫面，你有沒有疑惑他們這是在幹什麼？

　　看到這些問題，你是不是已經開始抓耳撓腮，不知道怎麼回答了？不用急，看了下面的介紹，你就能弄明白了。

為什麼我老是做「春夢」？

？【我有問題】

昨晚睡覺的時候，我夢見了隔壁班那個漂亮的女生，我們倆居然抱在了一起！正高興的時候，忽然就醒了，這時才發現，下面內褲都濕了……

我覺得我好無恥喔，雖然我總是盯著那個女生看，但是人家都沒有和我說過話！最無恥的是最近這種「春夢」還常常做……我該怎麼辦？

➡【答疑解惑】

在睡夢裡見到女孩，和她談情說愛，甚至見到現實生活不會看到的她的乳房、大腿等部位，進而發生性交，這種夢叫作性夢，也就是你說的「春夢」。

　　如果你沒有睡得很沉的話，你應該感覺到了，做這樣的夢時你的「小弟弟」勃起了。而到了夢裡最高潮的時候，你可能感到很舒服，然後就結束了。

　　因為你發現自己醒了，原因可能是下面內褲濕濕的不舒服，伸手一摸，啊！「遺精」了，這是之前剛學的新詞。

　　這就是「性夢」，是進入青春期後，又一項新出現的、正常的生理反應。

　　但是很多男孩子（做性夢的，以男孩居多）夢裡面很興奮，醒來以後卻高興不起來了，他們認為自己在夢裡的行為很齷齪、骯髒，認為自己是個流氓。於是，還會千方百計地想去控制自己，但是夢裡的事，誰又能控制得了呢？

　　就這樣，他們精神上的壓力變得很大，生怕被別人發現自己的想法，而變得終日惶恐不安，精力不集中。

　　告訴你，根本沒有必要這樣，那不過是一個夢而已，並不是真的。所謂性夢，是一種伴隨著性成熟而出現的正常心理現象。

　　那麼，它到底是怎麼產生的呢？

　　男孩在進入青春期以後，睪丸、陰莖等生殖器逐漸發育成熟，思想也在發生微妙的變化，他們不僅產生想親近異性的意識，還開始對兩性的奧祕產生強大的好奇心理。

　　所以，當男孩接觸到一些和性有關的事物時，比如電影、書刊等等，就會因一些性刺激而產生性衝動。但是因為道德上的束縛，還有繁忙的學業的緣故，他們這種慾望並沒有釋放的機會，只能被暫時壓制下來。

　　雖然在清醒的時候這種衝動和刺激被壓了下去，但是大腦卻牢牢控制著他們的一舉一動。等到大腦的控制放鬆，例如在睡覺的時候，這些被壓

制的性刺激、性衝動便會以做夢的形式釋放出來。而和女孩相比，男孩的性激素更多一些，所以他們做性夢的可能性也就更大一些。

性夢一般最終會以出現遺精而告終，這樣的情況，並沒有什麼大不了的。前面已經介紹過了，遺精是男性性成熟的主要標誌，這是一種正常的生理現象。

所以說，性夢也是一種正常的現象，和道德品質一點都扯不上關係，因此根本不用自尋煩惱。另外，適度地做做性夢，還是對身體有益的。怎麼樣，關於這一點，你沒有想到吧？

對於性已經成熟、卻沒有結婚的男人來說，性夢，是緩解性衝動的主要途徑之一，可以稱得上是對現實生活中，性方面沒有得到滿足的一種補償。所以，適當做做春夢，還是有好處的！

小小提醒

做什麼事情都要適度，性夢也是一樣，適度的性夢有益於身體，但是過多的、過於頻繁的就不行了。

雖然性夢裡的世界彷彿一個自由奔放、無拘無束、想什麼來什麼的「仙境」，能夠讓你感覺很「爽」，但是那畢竟是夢，是假的，不是現實。所以，在夢裡陶醉一下也就夠了，切不可信以為真，真假不分而只想著去追求、實現夢裡的事，這是白費精力、自尋煩惱。

產生性幻想是不是
很羞恥的事情？

？【我有問題】

為什麼我不是在睡覺的時候，也愛幻想一些和「那個」方面有關的事？
我覺得我好下流啊！

→【答疑解惑】

這個叫什麼呢？這個叫「性幻想」。

就是你在沒睡覺的狀態，幻想一些和性有關的事情，還帶情節、帶角色的，簡直成了「連續劇」，就像自己控制下做出的夢一樣，所以又叫「白

日夢」。

　　和「性夢」一樣，不少男孩在做了「白日夢」以後，又覺得自己這是很無恥的行為，很厭惡自己，出自思想比較傳統人家的男孩尤其如此，甚至還會背上沉重的思想負擔。

　　首先得說，這種想法又是錯誤的。為什麼錯呢？我們得先從為什麼會產生這種幻想開始說起。

　　進入青春期的男孩，性器官開始發育成熟，自然會對異性產生愛慕思想——這句話你好像已經聽我說過好多次了，我覺得也是如此，但還是不得不再重說一次，因為這是基礎，是你青春期產生一切表面變化的原因。但是，青春期的男孩比較沒有機會發生性行為，只好透過其他方式來發洩。

　　性夢和性幻想都是這種方式。所謂性幻想，就是男孩將自己曾經在電影、書籍、電視劇中所看到的片段拿來，並將其拼湊在一起，將裡面的人物角色換成自己和自己傾慕的女孩，然後就開始幻想。有的男孩這時會伴有一定的情緒反應，比如激動、高興，或者是傷心落淚等等，這個要根據「劇情」而定。

　　有一部分男孩在這個過程的最後會伴隨著射精，還有的是一邊自慰，一邊幻想。整個過程，都是男孩的「自導自演」，情節上可能涉嫌「剽竊」，不過不會產生什麼麻煩。

　　曾有專家進行調查，在國內 19 歲以下的青少年中，有高達七成的人曾做過這種「白日夢」，可見其範圍之廣。具體發生時間，多以閒暇時間，上床後睡覺前，以及早晨醒來、還沒起床的這段時間為主。

　　性幻想並沒什麼可恥的，也和道德品性扯不上關係。它就是正常青春期男孩的生理表現。偶爾做做這種白日夢，也和性夢一樣，對身體是有益

的。它就像一道閥門，可以將積壓的性衝動、性刺激釋放出去，達到減壓的作用。

不過，如果經常這樣，過分沉溺其中，甚至分不清幻覺和現實的區別，那就需要注意了。

有的男孩會因為幻想和某個女孩發生性關係，而精神恍惚，身體虛弱，出現了出虛汗、頭暈、四肢無力、頻繁遺精等現象，這就是白日夢做多了，影響了身體健康。

出現這種情況，首先應該從思想上入手，正確地看待性幻想；然後，要積極地進行自我調控，也要用理性控制自己，平時多參加一些健康的、豐富多彩的活動，就可以緩解精神上的壓力，減少過多的性幻想。

小小提醒

消除過多的性幻想，可以用「情景變換」這一招。

比如你在寫作業的時候，忽然就失神而發生了性幻想，那就可以立刻換個環境，比方說站起來到屋外走走、站到窗前看看風景、找別人聊聊天等，這些都可以緩解心理壓力，對提高學習效率也有幫助。

怎麼控制性衝動？

？【我有問題】

我是個剛上初中的學生，最近為一件事情而苦惱。

在我上學的路上總會遇到一個漂亮的女孩，每次看到她，我心裡都會產生一種強烈的衝動，熱血上腦，恍恍惚惚的。我不知道為什麼會產生這種現象，我並不想，但是好像自己也控制不了，我應該怎麼辦？

➡【答疑解惑】

這種衝動，名叫「性衝動」，出現在青春期很正常，同樣也是一種正常的生理現象。

進入青春期的男孩，只要你的神經系統正常，都會產生性慾，只是每

個人不同，有的人強，有的人弱而已。

　　不過對於青春期的男孩來說，性衝動是多餘的，因為你們並沒有正常的釋放管道，你們不能和異性發生性關係。所以，也就有了性夢、性幻想等一些非常規的管道，來幫助你們釋放積壓的性衝動。

　　如果你是個正常的男人，你不想產生性衝動，這是不可能的。但是，你可以學會良好地控制它。

　　第一，從自身的生活習慣做起。比如要講究衛生，經常清洗「小弟弟」，避免積存了不乾淨的東西刺激你的「小弟弟」，讓你產生性衝動。

　　同樣的道理，也不能穿比較窄、緊的內褲。

　　第二，轉移注意力，從根本上減少性衝動的來源。比如遠離那些不健康的書籍、頻道，多多參加積極健康的活動，尤其是團體活動，和更多的女孩交往，也就能逐漸消除了對異性的渴望和好奇。見多了也就知道了，新奇感自然也就消失了，因此也就不會看見女孩子就產生性衝動了。

　　運動也是一個消除性衝動的好辦法，比如到戶外去打打球、跑跑步、游游泳，或者去沖個冷水澡，做點體力活，都可以將萌生的性衝動化解得無影無蹤，直到最後，連你自己都不知道它們去了哪裡。

　　第三，慎重交友，那些道德品行比較差的人，要主動遠離，青春期的你們還不成熟、辨識能力差，很可能被誤導而誤入歧途。

　　總之，青春期的男孩主要得在思想上認識到，應該學會控制自己，要鍛鍊自己的意志，即便出現了性衝動，也可以運用以上的方法，輕鬆將其化解。

　　如果能做到這一點，自然也就不怕產生性衝動了。

小小提醒

　　有的時候，外在環境也可能誘發不該產生的性衝動。比如和女同學一起散步時走到了燈光昏暗、枝繁葉茂的地方，這樣的環境很容易刺激人，使其產生性衝動。

　　因此，這時男孩應該立刻警醒，想辦法脫離這種環境，馬上往光亮、人多的地方去，或者找藉口就此離開等等，這些都是可以消除不必要的性衝動好辦法。

裸睡很舒服，但是否會有什麼壞處？

? 【我有疑問】

最近的天氣實在很熱，即使穿很少的衣服也還是熱到不行！昨天晚上我睡覺的時候乾脆把內褲也脫掉了，感覺還真舒服！和平時感覺不一樣！

但是這樣做好不好呢？

【答疑解惑】

這叫作「裸睡」，這對於一向比較傳統的中國人來說，還不是那麼容易接受的，仍有很多人覺得光著身體睡覺難為情。

那麼，不考慮情感上的因素，裸睡對身體好還是不好呢？可以這樣說，科學地裸睡，對健康是有一定的好處的，尤其是對男人。

有些人愛穿一些比較時尚的內褲，但這些內褲都比較緊小，會影響局部的血液循環。另外太緊的內褲還會導致陰囊的溫度升高，容易造成精子的生成和發育障礙，降低男性的性能力。

另外，太緊的內褲還會摩擦和壓迫陰莖，可能造成勃起功能異常，或者讓你頻頻遺精。裸睡的時候，自然就不會有這些事，血液循環正常了，睪丸溫度也下降了。

青少年普遍都是氣血旺盛的，尤其是在炎熱的夏天，這種情況格外明顯。而那些大腿比較粗、身體比較胖的男孩子，在睡覺的時候更容易出汗，特別是大腿內側、腹股溝那裡。你有沒有在炎熱的夏夜偶爾醒來，內褲有濕濕的情況？

有內褲蓋著，那裡會更不通風，會更熱，出更多汗。而且你出的汗水，還有皮膚的一些分泌物都被內褲吸收了，那裡又潮濕不透氣，容易招來細菌繁殖，時間長了容易產生皮炎之類的炎症。裸睡的時候，自然就沒有這個問題了，不穿內褲有利於汗腺分泌，也有利於皮膚的散熱。

以上就是裸睡的好處了，如果你一聽，以為裸睡這麼好，就可以放心大膽裸睡去了，什麼都不注意，那就又錯了。

裸睡也是有講究的，首先就是要注意衛生，切不可因為不穿內褲，就把被子床單當成了不用換洗的內衣、內褲。床單被褥的質地，也是有講究的，面料要舒適、柔軟、透氣，不能對皮膚產生刺激，影響睡眠。

還要注意不可以因為貪圖涼快而裸睡，開著空調，又睡在涼席上。這樣很容易讓身體著涼，出現腹瀉、腰痠背痛、感冒等症狀，雖然涼爽了一時，

換來的卻是痛苦。

因此，即便是夏天時裸睡，也不能忽略了為身體保暖的工作，比如空調和涼席應該二選一，而不可同時享用；比如裸睡可以，但是要注意在肚子上蓋一條毯子，以保證肚子不會受涼等等。

小小提醒

男孩在裸睡時，陰莖雖然不會和內褲摩擦了，但是如果和被褥直接摩擦，也有可能引發快感、遺精等情況，這也是青春期的男孩需要注意的一點。注意睡姿，注意被褥的整潔。如果因為裸睡而總是遺精，那就還是把內褲穿上吧，不過要記住換一條寬鬆的內褲。

我都 16 歲了怎麼還尿床？

? 【我有疑問】

我昨天晚上居然尿床了！

我都 16 歲了怎麼還尿床呢？那是還在吃奶的小孩才有的事！真是太丟人了！這是怎麼回事？

【答疑解惑】

所謂的尿床，大名叫遺尿，就是指小孩子睡覺的時候，不由自主地排尿了。這確實一般發生在嬰幼兒時期，因為那時的孩子生理機能還不完善，無法自主控制排尿的動作。

小時候誰都尿過床，這沒什麼奇怪的。即使是長大以後，比如 16 歲還

尿床，那也一樣，大部分都是沒什麼需要擔心的，瞭解具體原因之後採取針對性的措施即可。

為什麼這麼大還會尿床呢？一般認為和以下這些因素有關：遺傳、睡眠過深、膀胱功能不成熟、精神緊張等等。

遺傳的因素很重要。如果你的父母也尿床——這個問題好像很好笑——說的是他們在你這個年紀也這樣的話，那麼你也尿床的機率就大一些。

有研究顯示，如果父母青春期都尿過床，那他們的孩子也是如此的機率則將近 80%；如果只有一方，那機率也不小，有 44%。可見，尿床真的是遺傳啊。

睡眠過深，就是睡得太死了。青春期的你們普遍學習壓力比較大，整天上課學習很辛苦，所以睡覺會睡得很深，有了尿意也沒有醒來，於是就尿床了。

膀胱功能不成熟也是一個原因。一般在青春期裡，孩子的膀胱功能就發育健全了，但是也有一些人發育得慢了些，膀胱功能還不是很健全。

膀胱是什麼？就是人體盛著尿的容器，當它不健全時，自然會尿床。

不過，青春期尿床，最常見的因素還是精神緊張。學業上的壓力、青春期身體的變化，還有可能出現的家庭矛盾、父母衝突、生活環境的突然變化等等，都會讓孩子們過於緊張，一緊張，排尿次數就會增多，控制不好，就會尿床。

還有一些意外的遺尿情況，比如在入睡之前喝了太多的水，或者是吃了西瓜等含水多、又有利尿作用的水果，這一夜就有可能尿床。

所以說，青春期尿床也沒什麼大不了的，只需稍加注意即可。比如白天不要太勞累，晚上早些休息，可以囑咐爸爸媽媽，或者自己定一個鬧鐘，

在入睡三小時以後醒來一次,去上廁所。

　　入睡後三小時,膀胱裡就會存一些尿,而這時正是睡眠最深的時候,不被叫醒,很難自己醒來。

　　飲食上也要注意,晚飯不要太鹹,晚餐後少吃甜食、少喝高蛋白的飲料,以免口渴。白天可以多喝水,晚飯以後儘量就少喝水。

小小提醒

　　青春期的孩子還尿床,家長的態度很關鍵,千萬不可傷了他們的自尊心。

　　尿床的孩子自己也苦惱,為此不敢在同學家住,不敢去參加夏令營之類的活動。被人發現尿床時,會尷尬不已,或者內心不安。作為家長,應該讓他知道,尿床並不是他的錯,任他怎麼樣努力,都是控制不了的,所以不應該拿這個去責備他,應該和他一起想辦法,克服這個毛病。

醒著的時候也會遺精嗎？

？【我有疑問】

有的時候，不是在睡覺時，「小弟弟」勃起以後，也會從前面流出來一些黏糊糊的白色液體，這就是遺精嗎？但是不對啊，遺精不都是在睡覺的時候才會有的嗎？

【答疑解惑】

這並不是「遺精」，這叫「流白」。什麼是流白呢？進入青春期的男孩子在受到性方面的刺激時，尿道口會流出一些清亮的分泌物，有的時候也呈現乳白色，這就是流白。

但是，不要以為它是從尿道口流出來的，就認為它是精液。它真不是

精液，它是由尿道後面的前列腺分泌的前列腺液。

進入青春期後，生殖器發育成熟，前列腺也是，它會分泌前列腺液，這種液體也是組成精液的一部分。單獨存在的時候，會有著潤滑劑的作用，是為了接下來的性行為準備的。

前列腺液裡並沒有精子，這就和遺精有了本質的區別。所以流白是流白，遺精是遺精。流白也是青春期的一項正常的生理現象，發育正常的男孩都會出現，所以，發現自己流白了，也不用大驚小怪。

有這麼一種說法，說出現了遺精、流白，都是腎虛、腎虧的表現。這也是無稽之談。腎虧、腎虛這是中醫的說法，在中醫看來，腎是先天之本，人的生長發育、強壯衰老以至死亡，都由腎氣調節。如果腎氣不足了，那就是腎氣虧損，也就是腎虛。

但是我們已經知道了，流白和遺精都是發育正常的男子應該出現的現象，並不能反映腎氣強還是弱的變化，所以也就和腎虧、腎虛之類的沒什麼關係。如果你實在很在意，那也可以注意一些細節，比如儘量避開視聽方面的性刺激。在和女生交往的時候要注意適度原則，作為學生，應該把主要精力放在學習上。

小小提醒

除了受到性刺激以外，還有一種情況容易出現流白，就是在大便的時候，尤其是大便比較乾燥、需要用力排便的情況下。

這是因為你在使勁排便的時候，肌肉強力收縮，同時腹腔的壓力增大。而前列腺以及尿道球腺這兩個腺體就在盆腔底那裡，離直腸和肛門都很近，所以，在這種壓力下，前列腺和尿道球腺就會排出分泌物，也就出現了流白。這種流白也不是遺精，更不是什麼「大便漏精」。

騎自行車對「小弟弟」
有壞處嗎？

？【我有問題】

我平時都是騎自行車上學的，週末的時候，也喜歡騎著車到郊區去遊山玩水。但是最近我聽有人說，總騎自行車，對「小弟弟」和「蛋蛋」都不好，真的有這麼回事嗎？

➡ 【答疑解惑】

騎自行車對性功能有損傷，這種說法流傳很廣，但它卻是沒有道理的。如果騎車的姿勢正確的話，不但不會影響性功能，還會有好處呢！這

和人體的神經系統有關。陰莖勃起需要神經來支配，腿部運動也是一樣，而支配這兩部分的神經，都是屬於腰叢神經管轄的。比如你在騎了很長一段時間的自行車後，會感覺到腿部灼熱，這和在陰莖勃起時感覺到灼熱，是由一個神經系統指揮的。

而長期騎自行車可以鍛鍊腿部，使神經系統更加發達，因此，控制陰莖的神經系統也就跟著受益了。

另外，有些男人患有勃起障礙，簡單說就是不能勃起，是因為性興奮不強。而騎自行車對治療這種情況有一定效果，這是因為在騎車的時候，坐墊接觸的就是陰莖根部和肛門附近，這裡可以說是男性的性刺激敏感點。

騎車的時候腳不斷地向下踩著踏板，腿部腰部都跟著動，刺激點那裡就會被車墊刺激。如果是騎登山車、競賽車等需要身體前傾的自行車，這種作用會更加明顯，對治療勃起障礙是有一定的幫助的。

當然，有一點必須注意，那就是以上說的都是正確的騎車姿勢下的情況。不正確的姿勢會有什麼影響呢？

如果騎車的姿勢不是身體前傾，而是背部筆直的話，這樣自行車的坐墊就會墊起陰囊，讓它緊緊地貼著身體。我們已經知道了，身體37℃的溫度睪丸是承受不了的，所以它才孤零零地懸在體外。因此，如果長時間保持這種姿勢的話，會影響睪丸產生精子的能力。

說了這麼多，總結來說就是一句話，只要你保持正確的騎車姿勢，不但不會影響性能力，還會對你的身體有好處。

另外有一點需要指出，騎車的時候，光姿勢正確還不行，還要學會怎麼樣對付「瞬間暴力」。

這是指什麼呢？比如你正在平坦的公路上騎著自行車，速度還很快，

THE THINGS BOYS FEEL SHY TO ASK

恰巧在前面的路上有一塊石頭，而你又沒有看見，直接從石頭上面壓了過去。這會讓你突然顛簸一下，自行車是金屬的，一般不會有什麼事，而和車接觸的肉體卻是軟的，尤其是陰莖和睪丸那裡，瞬間的撞擊，有可能會損傷尿道，還有可能傷到陰莖上的海綿體神經和血管，甚至傷到睪丸，令你瞬間感到劇痛。

所以說，這種「瞬間暴力」對你的「小弟弟」和「蛋蛋」是很危險的。為避免這種情況，你騎車的時候，首先不要騎太快，無論路有多麼平坦。騎太快的壞處很多，當然不只是被石頭顛簸這一項！

另外，如果遇到路面坑窪不平的地方，能慢慢騎就慢慢騎，實在不行就下來牽著車走。最後，騎車的時候不可三心二意，要小心一點，注意觀察路上是不是有石頭、樹枝之類的，好及時避開。

小小提醒

現在有專門為騎車設計的褲子——單車褲，在「蛋蛋」那個部位裝有護墊，可以讓「蛋蛋」免受撞擊和顛簸之痛。所以，長期騎車的話，不妨選購一款單車褲，為自己的「蛋蛋」提供更有效的保護。

186

爸爸媽媽在幹什麼？

? 【我有問題】

我昨天半夜睡得迷迷糊糊的，起來去上廁所，回來經過爸爸媽媽房間的時候，忽然聽見裡面有奇怪的聲音。

我納悶著，大半夜的不睡覺，他們是在幹什麼呢？正好門沒關緊，我便順著門縫看見了奇怪的一幕：爸爸媽媽都沒有穿衣服，爸爸壓在媽媽的身上，而媽媽不斷發出呻吟聲⋯⋯

他們這是在幹什麼啊？是不是爸爸在欺負媽媽？

➡ 【答疑解惑】

哈哈，這一幕被你看到了，首先應該批評你的爸爸媽媽了，怎麼不把

門關好呢？還讓你看到了，多尷尬啊！

其實，你看見的並不是爸爸在欺負媽媽，是他們正在進行一件只有夫妻才能做的事情。這就是我們前面曾說過的性交，或者說是在「做愛」，過「性生活」「夫妻生活」。

你的爸爸肯定非常愛你的媽媽，你的媽媽也很愛你的爸爸，因此，他們選擇結婚，將對方作為自己的伴侶。他們會用一些行為來表達對對方的愛，牽手、接吻等等都是，而進行性行為就是其中一種，也是最根本的一種。若沒有這種活動，就不會有你，你就是在某次這種行為中誕生的！當然，不是即刻誕生，而是當時種下了種子，還要等上漫長的十個月之後，你才會來到這個世界上。

所以說，這種活動，是每個家庭都會有的。當然，沒有它就不會有家庭了。之所以你以前沒有注意到，或者說是不知道，大概有兩個原因：

第一，是因為青春期以前的你還不懂得性方面的事情，也沒有性意識，自然不會往這方面想。第二，是因為這件事畢竟是一件隱祕的事情，需要躲著別人，無論是誰在做這樣的事情時，都不會在非常熱鬧的大街上當著大家的面做，除非他們是瘋子。

因此，無論是誰都會選擇只有他們兩個人的時候，比如家裡只有他們在的時候，或者夜深人靜，別人都睡覺的時候，像是昨晚，你的爸爸媽媽就選擇了那個時刻做愛。只是沒有想到你會半夜起來上廁所，而他們又恰巧忘了關緊房門，於是就被你偷看到了。

看到了就看到了，也沒什麼大不了的，只要注意下面這幾點就行了。

首先，正確認識這件事情，這不是什麼無恥的事情，更不是爸爸在欺負媽媽，而是一件正常的生理活動，以後你長大成人了一樣會進行這項活

動，因此，不用大驚小怪。

　　其次，偶然看見一次也就看見了，千萬不可因為好奇，而故意去偷看爸爸媽媽做愛，比如半夜不睡覺、專門去偷聽、偷看等等。好孩子是從來都不做偷偷摸摸的事情。

小小提醒

　　還有一點很重要，現在你既然已經知道了這是怎麼回事，那就在下次再看到的時候，當作沒看見，直接回自己房間就好了。

　　可千萬不要去打擾爸爸媽媽，比如在外面惡作劇似的咳嗽一聲、笑一聲，甚至直接進他們的房間，去問他們在幹什麼。這是很不禮貌的行為，千萬不能這樣做。

這個「小氣球」是什麼？

? 【我有問題】

昨天去父母房間找東西，偶然在抽屜裡發現一個很奇怪的東西：薄薄的，是塑料薄膜做成的，很像一個沒吹起來的小氣球，還是長條形的氣球。

最奇特的是，外面包裝上畫著一個衣服穿很少的金髮外國女人，很漂亮。但是這個玩意兒是做什麼用的？

【答疑解惑】

你發現的東西不是氣球，而是「避孕套」，也叫「保險套」。從它的名字上就能看出來它是做什麼用的，沒錯，避孕套，就是避孕用的。現在，我們就從什麼是避孕開始講起吧。

要說避孕，先說懷孕。我們已經知道了，懷孕是因為男人和女人進行性行為時，一個進入女人子宮裡的精子和等在這裡的一個卵細胞結合，形成受精卵，然後再發育成一個胚胎、胎兒，最後再出生，這就是懷孕的過程。

懷孕是在性行為中發生的，也就是說，每次發生性行為時，都可能懷孕。

但是，懷孕這個事情，可不是件小事，這涉及一個新生命的誕生。至少在現代社會，是不能隨隨便便就懷孕的，這需要做很多的準備。

那麼就因為這個，夫妻之間就不進行性行為了嗎？這好像是因噎廢食啊！當然不能這樣，聰明的人們早就想出了應對的辦法，既能正常進行性行為，又能確保不懷孕，這種方法，就是避孕。

當然，避孕的方法絕對不是只有這一種。

體外射精也是一種。男人的精子是透過射精這個動作進入女人體內的，而射精這個動作是在性交的最後，因此，可以在性交到最後，即將射精時，將陰莖從陰道中拔出，在體外射精。

但是這種方法既不安全，對男性還有壞處。說它不安全，是因為可能在射精之前，就有一小部分精液偷偷地溜了出來，進入了女人的陰道，也許這一些精液就會讓女方懷孕。而且性行為是一整套神經反應活動，到最後強行中斷，久而久之，可能對性功能造成一定的損害。

計算安全期也是一種方法。女性的卵巢排出卵子是有一定規律的，每次來月經之前的第十四天叫排卵日，這一天再加上之前五天、之後四天，就是排卵期。在這十天之外進行性交，就可以避免懷孕。但是，這種方法也不是百分百可靠的，因為不是所有女人的月經週期，都是十分規律的。一旦不規律，可能就會出現問題了。

還有一種避孕方法，叫藥物避孕，可以分為長效避孕藥、短效避孕藥和緊急避孕藥，就是說吃下這種藥物，就可以避免懷孕。但是有一點要注意，避孕藥一般都含有大量的激素，而青春期正是身體發育的黃金時段，攝入太多的激素，會破壞體內的激素平衡，影響身體發育，因此處於青春期的你們不可以服用這類藥物。

最後一種避孕方法，就是工具避孕了，在子宮內放置宮內避孕器、使用避孕套等都屬於這一類。

避孕套其實就是一個塑膠膜做成的小口袋，是給你的爸爸使用的。在用的時候，他會把避孕套套在陰莖上，然後再去性交，這樣射出的精液就會通通裝進這個小口袋裡，而不會進入女性的體內，這樣就不會懷孕了。現在來說，使用避孕套是各種避孕方法當中，比較方便、安全又無害的一種方式，所以被很多家庭使用。現在，你知道家裡抽屜中的「小氣球」的作用了嗎？

小小提醒

有了這些避孕方式，好像也為青春期的少男、少女們吃了顆定心丸：我們也不用怕偷吃禁果就懷孕了！

這種思想是錯誤的，瞭解避孕的知識是學習性知識的一部分，是每個青春期的男生女生都應該做的，但是並不是有了避孕措施就可以高枕無憂、肆無忌憚了。因為過早地進行性生活，可不僅僅是只有會懷孕這一個危害，所以說，避孕也不是包治一切的法寶。

我不小心進了女廁，太丟臉了！

⑦ 【我有問題】

今天我遇到一件非常尷尬的事情，弄得我都想找一個地洞鑽進去了。

中午去廁所的時候，我一邊拿著手機，一邊往前走，根本沒有看路，結果……當我反應過來的時候，只聽到一聲大喊，抬頭一看，我竟然走進了女生廁所！

天啊，這要怎麼辦？感覺丟死人了。重點是，我竟然還遇到了我們班的女生。

【答疑解惑】

先不要慌，深呼吸，放鬆自己，然後慢慢聽我說。

我想，在你的身邊，一定不是只有你發生過這樣的事情。當初在我還讀書的時候，也曾不小心走到了女生廁所，當時也被嚇了一跳。而且每次看到班上的同學，我都會覺得很不好意思，總擔心他們在背後議論我，尤其看到他們在一邊說笑的時候，也總覺得他們是在取笑我。

但事後再回想一下，其實事情並不是這樣的，他們或許都不知道我發生了這樣的事情。而且，對於我們自己來說，這原本也是沒什麼大不了的。

不是有一句話這樣說嗎，「只要臉皮足夠厚，沒什麼事情大不了」，只要你別整天胡思亂想，根本就不會有人天天抓著這樣的事情不放。畢竟那些女孩子，也未必都看清了你的容貌，對不對？

再說了，每個人都會犯錯，你又不是故意的，誰會因為此事來批評你呢？所以，孩子，別再自己胡亂糾結了，如果因為這件事情，整天害羞，害怕和同學交流，看到女孩子就覺得害羞的話，那就犯下大錯了，也不利於今後的身心健康啊。

另外，如果你自己每天都想著這件事情，也會因此而耽誤自己的學業。上課不認真聽課可不行，作為學生，最重要的事情，莫過於好好學習，認真聽老師講課。所以，趕緊放下這件事情，不要去想了。

只要記住以後不要再邊走路，邊玩手機，我想你就不會再犯這樣的錯誤了。這一次是進了女廁所，若是過馬路的時候你也這樣，那不是很危險？就算能夠安全過了馬路，說不定還會撞上柱子，對吧？

而且，這樣一邊走路一邊玩手機的事情，還會傷害你的眼睛。所以，以後可千萬不要做這樣危險的事情了。

小小提醒

很多人喜歡邊走邊玩，邊走邊打鬧，尤其是在上下學的路上，男孩子之間互相追逐打鬧的事情，更是常見。這個時候，他們根本不會看馬路上的車輛，也因此發生過不少悲劇。而這個時候，老師家長的安全教育就顯得尤為重要。

知道這樣的情況時，一定要對他們及時給予批評教育，讓他們意識到邊走邊玩是很危險的，只有在他們的腦海中有這樣一個概念，以後才會注意安全，遠離危害。

男孩不好意思
問的事

THE THINGS
BOYS FEEL SHY
TO ASK

CHAPTER 5

女孩並不神祕

男孩子都會有青春期，那女孩子也會有嗎？她們在進入青春期的時候會有什麼變化呢？也和男孩子一樣，身上會長出很多以前沒有的毛髮，下面也會長出「小弟弟」嗎？還是説，她們的變化會和男孩子不同？

為什麼電視上經常會聽到「貞操」「處女」這樣的詞語，它們是什麼意思？還有，為什麼女孩子一上體育課就請假，她們明明都很健康，可是老師竟然還允許了，真是奇怪！

是不是感覺女孩子好像有好多祕密，是你沒有辦法理解和猜透的？現在你的心裡一定對女孩子感到非常好奇吧，想要試著瞭解她們，探索她們，那就一起來看看下面的介紹吧！

女孩和我有什麼不一樣？

我是個男孩，那些女孩和我們男孩有什麼不一樣？

→【答疑解惑】

這個問題，實在不好回答……男孩女孩的區別實在太多，多到你甚至會認為，我還是找男孩女孩的共同點來得更快一些……你也許會懷疑男人和女人簡直應該劃分成兩種生物。

首先最根本的，是生殖系統不一樣。我們身體的各個器官，一共可以劃分為九大系統，包括循環系統、呼吸系統、消化系統等等，其中之一就是生殖系統。

　　男女其他的系統都是差不多的，但是生殖系統是不一樣的，而且是完完全全地不一樣。可以說，正是因為生殖系統的不一樣，所以才決定了其他的種種不一樣。

　　男人的生殖器，睪丸、陰莖、輸精管等等這些，女人都沒有。女人有一套自己的生殖器，包括卵巢、子宮、陰道、輸卵管等等，和男人的生殖系統沒有一點共同點。

　　男人和女人的外貌特徵區別很大。男人的臉龐通常比較方正、稜角分明，皮膚相對來說不是很光滑，毛孔粗大，眉毛也會比較粗重，而且成年男子臉部會有鬍子，有些鬍鬚多的，從下巴到鬢角都長滿了鬍子。

　　而女人的面龐就會柔美很多，臉部線條柔和，皮膚光滑細膩，毛孔細小，又沒有鬍子，光溜溜的。女人的眉毛也會比較細、彎，所以才有「柳葉眉」的說法。

　　男人和女人的體態也不一樣。通常男人都會比女人高——當然不能排除有些男人長得比較矮，甚至還不如女人高的情況，但是這屬於少數情況，我說的是通常情況。男人會比女人強壯，不管是四肢，還是軀幹，都粗壯不少，所以男人展現的是一種陽剛之美。

　　而女人更突出的是一種「曲線」，比如從側面看，女人的身軀大致呈S型，即上面胸部突出，中間腰部纖細，下面臀部豐滿，由上至下，形成一道婀娜的曲線，展現的是陰柔之美。

　　男人和女人的巨大差別，還表現在性格上。比如男人雄壯，女人溫柔；男人粗枝大葉，女人多愁善感；男人理性，女人感性等等。這種性格上的男女相對差別，還可以舉出來很多很多。

　　總而言之，男人和女人，從外在到內裡，從看得見的實體，到看不見

的性格，都存在著巨大的差異。而正是這種差異，讓我們的人類社會，變得豐富多彩。

如果男女性格一樣，外貌一樣，體態一樣，那世界多無趣？而且，男人女人生殖系統的差別，是我們人類得以繁衍下去的保證。男女不一樣，所以男女結合，誕下新的生命，只有這樣，人類才會一代一代活下去。

小小提醒

男女之間存在的是差異，而不是差距。不管是體態、相貌還是性格上的差異，都是各有所長、各有各的好，而不是一種好，另一種就不好。這一點一定要清楚，如果形成了相反的錯誤看法，就會形成性別歧視的想法。

因此，青春期的男孩一定要在性別觀上形成正確的觀念。

男女性格有什麼差別？

男人和女人的性格有什麼明顯的差別嗎？

➡ 【答疑解惑】

應該說，每個人都有他自己獨特的性格，有個詞叫「千人千面」，說的就是這個意思，世界上沒有兩個人的性格是完全相同的。

但是，人可以分為男人和女人兩大類，不同的生理結構等也確實決定了一些性格特點，一般是只有男人才有的，而另一些性格特點則一般只會在女人的身上看到。這就是男女在性格上存在的差異，有人將這種男女性格和行為上的特徵，稱為第三性徵，可以理解為能夠區別的第三類特徵。

那麼男女一般有哪些性格上的特點呢？

男人的性格特點：

直率，雄心勃勃，大膽，好勝，具有攻擊性，獨立性強，容易有優越感，有活力，感情上不容易受傷害，愛冒險，容易做出決定，不會對外貌進行過多修飾，很少流露感情，不容易受別人影響，對愛的要求強烈而且主動，喜歡與美麗、聰明、活潑的女子交朋友等等。

女性的性格特點：

羞澀，靦腆，膽小，多愁善感，情緒多變，悲哀持續久，生氣持續更久，喜靜不喜動，缺乏理性，對事物常常是直觀的態度，容易輕信，不喜歡抽象的事物，虛榮心強，同情心強，關心瞭解他人的感情，依賴性強，溫文爾雅，非常注重外貌，對愛的要求被動，對被愛的要求強烈，喜歡與可靠、成熟、能體貼人、有男子氣概的男性為友等等。

當然，這只是一般概括的說法，並不能排除有一部分人會不完全符合這個劃分。比如，也有的女人熱情潑辣、豪爽剛烈、精明強幹，而這些一般是男人的特點，這樣的女人會被稱為「女強人」。也有一些男人剛柔相濟、感情豐富、務實穩重，而這一般是女人性格的特點。

一個人的性格形成，除了這種是男是女的天生決定因素以外，還有其他很多影響因素，比如遺傳──父母的性格也很重要，還有成長的環境，包括家庭、學校、社會等等。

可以說，一個人有什麼樣的性格，是以上這些因素綜合作用而形成的，所以才會這樣複雜，每個人都不一樣。

小小提醒

正因為有些人，具有一般被認為應該是另一個性別才會有的性格特徵，所以國外有些心理學家據此提出了第四性徵的概念，就是說不管是男性還是女性，都應取長補短，同時具有男性氣質與女性氣質的心理特徵。

他們認為，那些具有雙性化氣質的人，具有更強的辦事能力，在很多場合都是如此。因此，兼具男女性格，在他們眼中，是一種更理想的心理模式。

青春期的女孩有什麼變化？

？【我有問題】

女孩也有一個和我們一樣的青春期嗎？在青春期裡，她們會有哪些變化？

【答疑解惑】

女孩也同樣會經歷青春期，在青春期裡，她們發生的變化從本質上來說，和男孩是一樣的，比如生殖系統的發育成熟，乳房、陰毛等第二性徵的出現，身高、體重的激增，變聲等等。只是具體到是什麼器官的發育成熟，是什麼樣的第二性徵出現，身高體重激增的幅度等等，女孩就和男孩不一樣了。

通常女孩還會比男孩早兩年進入青春期。一般在 10 歲，女孩就進入了青春期。

女孩青春期的第一個階段，最開始的變化是在身體內部，比如大腦中腦垂體釋放出荷爾蒙，刺激卵巢和其他的內生殖器開始發育，此後就是女孩的體格開始迅速發育，這個過程通常會持續 2 到 3 年，也就是女孩的 10 歲到 12 歲的時候。而這時的男孩子通常還沒有進入青春期，或者是才剛剛進入，因此同齡層的女孩一般會在身高、體格上超過同齡的男孩。

女孩青春期的第二個階段是以月經初潮，也就是以第一次來月經為開始標誌的。這個階段，女孩的身體仍在生長，但是速度已經比第一階段緩慢了。同時第二性徵開始出現：乳房開始發育，乳暈和乳頭也開始生長，漸漸在乳房中央部分隆凸成一個小丘。陰毛也開始萌發。

在身體內部，卵巢等生殖器繼續發育，卵巢開始排放有受精能力的成熟卵。

第二個階段大概會持續 3 到 4 年，也就是女孩的 13 歲到 16 歲。

第三個階段一般是女孩的 17 歲到 19 歲。在這三年裡，女孩的生殖器發育成熟，第二性徵也發育得和成人基本一樣，月經的週期也逐漸規律。身體的發育停止。

到此，女孩的青春期結束了，在這八、九年的時間中，她也從一個小女孩，發育成一個大女孩，身體也已經是一個成年女人了。

和男孩一樣，女孩子進入青春期，也經歷一個「加速生長」的過程，不過她們只是在身高和體重上激增，並不會經歷力量上的激增過程。

而且因為女孩進入青春期比男孩早兩年，所以這個激增的過程也會更早地出現，具體表現就是她們比同班的男同學高、壯。不過男孩子們會在

未來的幾年中趕上來，並超過女同學們。

女孩在青春期時，身體也會發生一些變化。胯部，也就是骨盆會變寬，這是為將來的生育做準備的。同時在胯骨、大腿和臀部上會累積大量的脂肪，這使得她的軀體更加富有曲線、圓潤，以及所謂的「女性魅力」。

男女身體內的脂肪數量不同，這也是一個比較大的區別。男人的脂肪較少，只占體重的 18% 左右。而女人的脂肪會占到 28%，已經接近三成了。

小小提醒

男孩雖然進入青春期比女孩晚兩年，但是出青春期的時間也比較晚，整個生長期比較長，同時在「生長突增」期間，男孩增長的幅度也比女孩更大一些。

因此，男孩不用看到同班女孩開始發育了，而感到著急，因為你馬上就會超過她們的。

女孩的生殖器是什麼樣的？

❓【我有問題】

前面說了女孩的生殖系統和我們的不一樣，她們沒有睪丸、陰莖，有的是卵巢，那麼她們的生殖器是什麼樣的呢？

➡【答疑解惑】

女性的生殖系統，可以分為內生殖器和外生殖器兩部分。

女性的外生殖器，又稱「外陰」，只有這一部分是能看見的。外陰包括陰阜、陰唇、陰蒂等幾個部分。

陰阜就是小肚子往下中間的一個部位，從正面看時，基本上是軀幹部分的最下端。這裡的皮下脂肪很多，因此相對於周邊的皮膚來說，是有一

點隆起的。女性的陰毛長在陰阜的上面，呈一個倒著的三角形。

陰阜下面是陰唇，陰唇又分為大小兩部分。首先是大陰唇，它就是生長在外陰兩側、靠近大腿內側的一對皮膚皺褶，是長圓形的。前面和陰阜相連，左右大陰唇從陰阜這裡向左右分開、向後延伸，在肛門之前又會合在一起。

小陰唇就在大陰唇的裡面，也是分左右兩片，淺紅色的。兩片陰唇前面連在一起的地方，有一個長圓形的小器官，這就是陰蒂。陰蒂的末端是一個圓頭，成年女性的這裡大概有一粒小花生米大。陰蒂上有著極其豐富的神經末梢，因此這裡特別敏感，和男人的龜頭不相上下。

小陰唇的中間、陰蒂的下面是尿道口，這是一個不規則的橢圓形的小孔，女人的尿液就是從這裡排出體外的。

尿道口下面就是陰道口了，從這裡進去就是陰道，那就是內生殖器了。陰道口下面依次是小陰唇的末端、大陰唇的末端。尿道口和陰道口所在的這個地方，呈菱形，叫「陰道前庭」。

從陰道口進去，就是陰道。陰道其實就是一條通道，連接著內生殖器和外生殖器。這條通道長度在 8 公分到 10 公分之間。陰道的伸縮性很大，平時是緊閉著的，上下壁貼在一起，中間並沒有空間。

陰道再往裡面，是子宮。但這不是一條直路，而是需要向上轉一個 90 度的彎。

子宮其實是一個由肌肉組成的、中空的器官，形狀好像一個倒掛著的梨子，上寬下窄。子宮可以分為兩部分，上半部叫「子宮體」，中間是寬寬的空腔；下部分收窄，成為一條不怎麼寬的通道，和陰道相連。

在子宮的上面有兩條細管，一左一右，它們分別從子宮上端向上延伸。

這就是輸卵管，這不僅是卵細胞排出的通道，同時也是卵細胞和精子相遇、完成受精的地方。輸卵管裡會有一些分泌物，為即將前往子宮進一步發育的受精卵提供營養。

輸卵管的末端，就是卵巢了。卵巢是兩個葡萄大小的器官，一邊一個。卵子、雌性激素、助孕素等等都是由它分泌的，因此，卵巢是女性生殖器中的核心，和男性的睪丸差不多。

以上這些，就是女性生殖系統的主要角色了。

小小提醒

女性的大小陰唇，在青春期也會發生變化。

進入青春期以後，女孩會在陰阜和大陰唇附近生出陰毛，大陰唇和小陰唇也會開始發育，變得肥大、豐滿，而在青春期之前，它們是很單薄的。同時它們的顏色也會變得更深。

女孩也會長青春痘和汗毛嗎？

? 【我有問題】

青春期的女孩，也會像我們男生一樣的，出現臉上起青春痘、身上長汗毛等等這些情況嗎？

→ 【答疑解惑】

可以說，青春痘，是青春期的孩子們的共同敵人，不管是男孩還是女孩。

粉刺、丘疹這些可惡的傢伙，同樣也會悄然爬上女孩的面龐，還賴著不走，令愛美的她們十分苦惱。

不過，整體來說，和男孩相比，女孩的青春痘問題要輕一些。毛髮的

問題則不一樣了。

　　和青春期之前相比，青春期的男孩子會生出鬍子、陰毛、腋毛，在腿部、手臂以及前胸等處，會有比較多的汗毛。

　　而女孩子只會生出陰毛和腋毛，其餘地方的變化並不大。她們不會像男人一樣，擁有毛茸茸的手臂。

　　有些女孩子比較特殊，她們的腿上或手臂上的汗毛相比同伴來說會多一些，有時候她們為了美觀起見，會想方設法除掉這些汗毛，比如用刮鬍刀，或者是各種除毛膏等等。

　　另外，青春期的女孩子的皮膚，在遭遇青春痘這個可惡的敵人同時，也會迎來一件好事情。那就是，她們的肌膚會在青春期開始變得細膩、紅潤有光澤，富有彈性。

　　這是為什麼呢？這和皮膚中的一種物質有關。它就是透明質酸酶。

　　透明質酸酶有什麼作用？它可以增強皮膚的滲透性，也就是說，在它的幫助下，皮膚可以保存住更多的水分、營養物質和微量元素。

　　這對皮膚當然是一件大好事，你看電視上好多化妝品廣告都在宣稱自己可以「鎖住水分」「保濕」等等，有更多水分和營養物質、微量元素，皮膚就會變得水嫩水嫩的，想不漂亮都不行。

　　這就是透明質酸酶的好處了，而進入青春期以後，卵巢開始分泌大量的雌性激素，雌性激素在真皮內和其特異受體結合時，會有效促進透明質酸酶的合成。所以，女孩們的皮膚才開始變得嬌嫩、紅潤。

　　而上了年紀的人，之所以會變得皮膚粗糙，還有皺紋，就是因為這時候皮膚內的透明質酸酶含量明顯減少，一般這個時候身體中所含的雌性激素也很少了，所以皮膚就會不再細嫩、紅潤。

　　所以說，青春期的女孩們散發著青春活力，這時她們的膚色比任何一種美麗的花朵都要嬌艷。

　　但是青春期時又會有分泌旺盛的皮脂腺，這又是產生煩人的青春痘的元兇。因此，對愛美的女孩來說，青春期可說是「讓我歡喜讓我憂」吧！

小小提醒

　　男孩在青春期身體上的幾大汗腺會加速發育，由此導致身上有些時候會有難聞的汗味。

　　女孩也是一樣，青春期的她們，在生殖器周圍、腋下、後背等一些地方的汗腺、皮脂腺也變得更加活躍，女孩身體的氣味也在開始改變，也許這就是所謂的「女人體香」吧！

女孩竟然也有喉結！

? 【我有問題】

不是說喉結是男人才有的特徵嗎，為什麼我發現有的女孩子，嗓子那裡也有喉結？這是怎麼回事？

→ 【答疑解惑】

首先恭喜你，你的這個小知識——喉結是男人才有的特徵——掌握得很好。但在這裡，我需要強調一下，凡事無絕對。所以，我們可能會看到有些女孩的脖子那裡，好像也有和男人差不多的喉結。那麼，出現這樣的情況，又是怎麼回事呢？其實會出現這種少見的現象也是正常的身體變化。

喉結是什麼？喉結其實就是嗓子那裡的一塊突出的軟骨。它突出，就

形成了喉結，不突出，也不耽誤任何的生理功能。而對於小男孩、小女孩來說，那塊軟骨都是一樣的。

進入青春期以後，男孩在雄性激素的作用下，這塊軟骨開始長大，然後突出，也就有了喉結。

一般來說，女孩體內也存在雄性激素，但是數量很少，占主導地位的是雌性激素，乳房的發育、月經的光臨都是因為雌性激素的刺激。

但是，有些女孩的雌性激素不夠多，相對來說，雄性激素就占了一點點上風，所以，在雄性激素的主導下，這個女孩也會出現一些男孩身上才會出現的現象，比如毛髮比較濃密，嗓音比較粗，還有就是喉結也會突出。

雖然在她們的身上能夠看到一些男性化的趨勢，但其實並沒有真的變成了男性，她們絕對還是標準的女孩子。

體內的雌性激素打不過雄性激素，這是一些女子有喉結的第一種原因。

第二種原因，簡單地說，就是遺傳。我們都知道，在人的生長方面，遺傳因素影響很大，比如身高、相貌、性格等等，孩子像父母的例子隨處可見，喉結也在其中。

有些女子的喉結比較突出，就有可能是她的父親的喉結比較突出而且顯眼，因此把這個特徵遺傳給了他的女兒。

第三個原因，就是一個字，「瘦」。如果你仔細留心觀察一下就會發現，有不少喉結比較突出的女人，她們都是比較「骨感」的。骨感的人，全身哪都骨感，尤其是脖子這種本身就沒有太多肉的地方，這裡的肉就更少了，肉的下面就是骨頭，肉少了，下面的骨頭自然就明顯。而喉結是一塊軟骨，所以，有些瘦瘦的女人，看起來也像長了喉結一樣。

所以說，女孩長了喉結，或者說看起來像長了喉結似的，都是正常的

生理現象，沒什麼可怕的。

很多有這種情況的女孩，在度過青春期以後，會和平常的女子一樣，脖子下面又變得平平的了。這些就是因為雌性激素較少而引起的，如果真的有情況特別嚴重的，只要去找醫生對症下藥，這種情況也會消失，所以根本就不必煩惱，這真的沒什麼大不了的。

小小提醒

有些小男孩很頑皮，觀察力又很敏銳，發現自己周圍有些女孩有喉結，就拿這個取笑她們，甚至給人家取外號，叫什麼「變性人」「男人婆」之類的，這是非常不禮貌的行為，也是不懂事的表現。

在瞭解了女孩長喉結的原理之後，你們更不能再和女孩開這樣的玩笑了。

女生上體育課為什麼老是愛請假？

？【我有問題】

我最近發現一個問題，就是每次上體育課的時候，總會有幾個女生請假，躲在教室裡不出來。她們又沒生病，為什麼這麼愛請假呢？

【答疑解惑】

這是因為她們這時的身體狀況，不允許她們進行比較劇烈的體育活動，所以她們選擇請假，在教室休息。

那麼，她們的身體出了什麼狀況呢？簡單地說，她們這是月經來了。

　　要想弄清楚到底什麼是月經，還要從女性的「排卵活動」說起。

　　我們已經知道了，卵細胞是由卵巢產生的。和男性的睪丸自從青春期開始後的幾十年，一直源源不斷地產生精子不同，女性一出生，就帶著這一輩子所有的卵細胞，只是還都是不成熟的。

　　從青春期開始，卵細胞開始成熟，在性激素的刺激下，一個女孩每月會有 10 個到 20 個初級卵泡發育，不過一般只有一個，最終能發育成為成熟的卵子。也就是說，一個具備了生育能力的女子，一個月會排一次卵。而剛進入青春期的女孩子，還不會這樣經常而且有規律，她們需要兩到三年的時間，來形成這樣規律性的排卵週期。

　　我們知道，排出的卵子如果遇到了精子，並與之相結合後會變成受精卵，受精卵會在子宮中發育成胎兒。排出了卵子之後，子宮也開始為可能發生的受孕做著準備；子宮的內膜細胞大量增加，內膜變厚，呈螺旋狀，子宮壁也變得迂曲，這是方便受精的卵子在這裡著床；同時子宮內膜也開始分泌出營養物質，準備供養受精卵。總而言之，隨著一個成熟卵子的排出，子宮也做好了孕育的準備。

　　但是，大多數的情況下，排出的卵子是遇不到精子的，它自己又不能著床在子宮壁上，所以它在到達子宮後不久，就被分解了。

　　這樣，子宮為孕育的準備就沒必要了，新長出的子宮內膜沒什麼用，在卵子被分解後的一個星期，子宮開始清理內膜，成片的子宮內膜從子宮壁上滑落，好像海綿的、裡面充滿血液的組織不斷壞死脫落，大多變成了液體，這種液體，就被稱為「經血」。這些經血在子宮的底端集合在一起，然後順著陰道滑下，最終從陰道口流了出來。

　　子宮將多餘的內膜去除掉，需要三天到七天，平均來說需要五天。從

陰道口裡流出來的是主要成分血液、壞死組織的混合物。

當子宮的多餘內膜去除乾淨以後，就不再有東西流出。這時，卵巢中又有一個卵子已經成熟，等待排出，同時，子宮的內膜又開始增厚，又在為受孕做著準備。

如此這般，循環往復。這樣循環一次的時間大概是 22 天到 32 天，也就是說，一個成熟的女性每個月都會經歷一次，所以，就把女人的這種週期性陰道排血的現象，稱作月經。

在開始行經的第一兩天，女性會感覺到腹痛、腰疼等等，有時候嚴重的還會出現腹部、腰部的劇烈脹痛、絞痛、陣痛，甚至有時候還會伴有噁心、嘔吐、頭暈等現象。

所以，在月經期間的女孩的身體會很不舒服，她們自然要好好照顧身體。

小小提醒

現在理解她們是怎麼回事了嗎？有一句話叫「理解萬歲」，作為男子漢，更應該對女孩子多一分包容和關懷，尤其是在她們月經來的時候，你們身為小男子漢，可以在一起值日的時候多幫忙她們做些事情，這樣做才是有男人風度的表現！

月經來會流出多少血呢？

? 【我有問題】

原來月經就是從「那裡」往外流血啊！那麼她們來一次月經會有多少血流出呢，有一個臉盆那麼多嗎？

➡ 【答疑解惑】

不會有一臉盆那麼多的，人體一共也就差不多只有那些血啊，要是來一次月經就流乾了，那人不就要死了。

女人在月經來的時候到底會流多少血，這個沒有一個統一的標準，是因人而異的，只要在 20 毫升到 100 毫升之間都是正常的，平均來說是 60 毫升，差不多就是一般的養樂多瓶子能裝的那麼多。

相對於人體的血量總量來說，這其實是一個比較小的量。一個成年人大概會有 4000 毫升左右的血液，每次捐血，最多還可以捐 500 毫升呢。

況且人體有造血系統，無時無刻都在生產新的血液，女人一個月排出 60 毫升左右的經血，對整個人體的血液並沒有太大的影響。再說流出的經血中，又不全都是血液，還有一些別的成分，比如子宮內膜碎片、壞死組織等等。

所以，正常的經血應該是暗紅色的，而不是鮮紅色的，裡面混雜著脫落的子宮內膜小碎片、宮頸黏液、陰道上皮細胞，並不會有血塊，這才是正常的經血模樣。

如果經血很稀薄，像水一樣，僅僅有點粉紅色，或者是黑色、紫色，那就是不正常的。如果經血完全是凝血塊，那也不正常，可能子宮內有出血的部位。出現這兩種情況都要馬上去看醫生。

經血有 20 毫升到 100 毫升是正常的，但也有一些女性有些反常，表現就是經血或者過少，或者過多，這一般都是內分泌失調等原因引起的。

對於青春期的女孩來說，如果不正常，應該是經血過多的情況出現得相對多一些。有的時候多到什麼程度？剛換上的衛生棉馬上就滲透了，經血甚至順著大腿往下流。

經血過多可能會造成臉色蒼白、乏力、頭暈等狀況，這些都是貧血的症狀。所以一旦出現經血過多，就要及時去看醫生，及早治療。

月經雖然給女人帶來了很多的麻煩，但是它的出現，也就是月經初潮，卻標誌著一個女人已經有了成熟的卵子，也已經有了懷孕的能力。

不過，月經初潮一般出現在十二、三歲，而我們將十八歲以上的女性才稱為「育齡婦女」。

　　十八歲是女孩們的月經開始呈現規律週期的時間，也就是說，從這時開始，女孩們就進入了女性最容易受孕的階段，一直到更年期。在此之前，女孩雖然已經產生了成熟的卵子，但是排卵卻不規律，或者卵子的質量也不好，懷孕的機率比較低，但是並非不可能懷孕。

小小提醒

　　有意思的是，月經來還和長痘痘有關係。

　　女孩月經「光臨」前的幾天，是長痘痘的高峰期，這是因為這幾天是激素分泌旺盛的時候，刺激了皮脂腺的分泌，所以容易長痘痘。因此，女孩這時更要注意飲食，不能吃油膩、辛辣的食物。

為什麼月經來時會很痛？

? 【我有問題】

前面說了月經來的時候會很痛，這是為什麼呢？

→ 【答疑解惑】

　　大部分的女孩，在來月經之前的幾天和來的那幾天，確實會感到各種疼痛。但也有極少部分的女孩沒有這種痛苦，不得不說她們真的是很幸運。這種疼痛有個專門的名字，痛經。最常見的一種痛經是腹部的絞痛，出現痛經當然會不舒服，但是一般不會有什麼大的影響。

　　不過有的時候，這種疼痛會來得很劇烈，有時候女孩會感到劇烈的陣痛，痛得直彎腰；有時候會在腹部和後背的下半部感到持續的疼痛，這種

疼痛的範圍甚至還會擴大，蔓延到陰道、肛門、腰部等地方。和疼痛一起來的還有噁心、嘔吐，面色蒼白、手腳冰涼、出冷汗，嚴重的甚至還會昏倒。

痛經並不是一種病，大部分女孩都會有，如果讓她們去醫院檢查，什麼都查不出來，她們的生殖系統都是健健康康的，什麼事都沒有。

那麼，為什麼還會這麼痛呢？

經血不暢通，是造成女孩痛經的主要原因。如果女孩在經期受寒了，比如著涼了，被雨淋了，或者是吃了生冷的食物，就容易造成體內累積了寒氣，進而使經血凝滯，難以排出。情緒的原因也可能造成痛經，比如情緒大變可能造成「氣滯血瘀」，也會造成經血排出困難。有些女孩天生體質虛弱，氣血不足，也會在月經來的時候肚子隱隱作痛。

此外，還有一些生理結構上的問題，也會造成痛經，比如子宮位置異常、子宮頸口狹窄、子宮發育不良等等。

精神因素也不能忽視。有的女孩被痛經折磨得出現精神緊張、焦慮、恐懼，這些反過來又會加重痛經，形成惡性循環。

不過，痛經這回事，畢竟不是大病，女孩們除了坦然面對，還真沒有太有效的方法。如果實在難受，應該在醫生的指導下服用藥物，可不能自作主張，亂吃止痛藥。

痛經一般出現在月經初潮後的兩、三年，以青春期裡，以及二十歲出頭的女孩居多。過了 25 歲以後，可惡的痛經就會越來越少見。到了結婚和生育以後，它基本上就會消失得無影無蹤了。

小小提醒

　　有些女孩在來月經的時候會腰痠背疼、感覺疲憊，所以就自己或找別人來幫自己捶打腰背，以為這樣能緩解一下疼痛，但其實這樣做是會適得其反的。

　　首先，這時候捶打腰背，會加速腰部背部的血流速度，進而導致月經比正常時要多，經期延長，腰痠背疼狀況反倒加重了。另外月經期間，子宮內膜脫落，形成了創面，捶捶打打不利於創面的癒合，也容易引起感染，導致別的疾病。

女孩為什麼這麼愛照鏡子？

⚘ 【我有問題】

為什麼女孩子都那麼喜歡照鏡子呢？她們不管是上課，還是平時出去的時候，總會隨身帶著個小鏡子，沒事就拿出來對著照兩下，為什麼？

【答疑解惑】

女孩確實都喜歡照鏡子，其實你觀察得還不夠仔細，她們不只會隨身帶著小鏡子，還會利用身邊一切可以當鏡子的東西，比如汽車的反光鏡和窗戶、商店的櫥窗，甚至平靜清澈的水面等等。

還記得那個笑話嗎？

一個時尚的女郎站在一輛停著的汽車前，對著車窗端詳自己，端詳了

好久。結果就在這時車窗緩慢搖了下來，裡面探出一個男人的腦袋，問道：「小姐，妳還要照多久啊？我還有事急著走呢！」

這種尷尬的事情在大街上確實時有發生，而這背後所表示的，其實就是女孩子一種愛美的心理。

女人愛美，是從進入青春期開始的，愛照鏡子也是剛進入青春期的女孩們心理發展的一個特徵。她們因為生理的發育逐漸走向成熟，同時她們的心理也在發生著急劇的變化。她們的注意力開始指向自己，而首先注意的就是自己的身體了。

這時在她們的眼中，一個人最重要的就是外貌，所以她們常常會做出以貌取人的事情。比如在日常交往當中，帥氣瀟灑的男生會更容易讓她們產生好感，看電視電影時也是一樣，演員的長相是她們最關注的。所以，有人戲稱她們都是「外貌協會」會員。

她們不僅關注別人的長相，也關注自己的長相，她們會非常在意別人對她們外貌的評價，還會特別喜歡聽別人誇自己長得好看，當聽到別人對她們的讚美時，還會為此而感到驕傲和自豪。

相反的，如果她們沒有一個漂亮的臉蛋，或者是身體局部有某種缺陷，就會因為這個而苦惱、焦慮、自卑、悲觀。

另外，已經進入青春期的她們有了比較明顯的性別特徵，她們不僅關心自己，還會對異性有著特殊的興趣，渴望吸引異性注意自己。為了實現這一點，她們會刻意在打扮和修飾方面下功夫。所以她們會隨時隨地照鏡子也就不奇怪了，因為她們照鏡子是在欣賞自己，也是在察看自己的外貌是否有哪裡不妥當，好及時整理。

愛美之心，人皆有之。女孩們這樣愛美，也無可厚非。不過她們畢竟

還是青少年，心理還沒有完全發育成熟，所以，她們追求的只是表面上的東西，就像站在鏡子前面看自己一樣，只能看到表面。她們只注重外在的形式，卻將內在的本質忽視，她們對做人的真正內涵，理解得還不夠深刻。

其實說女孩子愛美，愛照鏡子，男孩子就不會嗎？其實不是的，男孩子也一樣，只是他們表現得不那麼明顯罷了。

小小提醒

作為家長與老師，不管是男孩還是女孩，面對這種愛美的現象，都要在尊重和理解的基礎上，不失時機地進行引導，讓他們將寶貴的時間與精力，用在有意義的活動上，而不是穿衣打扮、照鏡子。

同時，也要告誡他們，萬萬不可形成以貌取人的思維。

女孩子的胸部為什麼鼓了起來？

？【我有問題】

我們班有的女生胸部那裡好像鼓起來了，原來是平平的，現在好像衣服裡面放了兩個小饅頭！這是怎麼回事呢？

➡ 【答疑解惑】

這不是普通地「鼓」了起來，而是她們的乳房開始發育了。

乳房誰都有，不管男孩女孩，你自己胸前不也有嗎？只是男人的乳房一般不會發育，但是女孩的乳房會發育，而且還是從青春期開始發育的。

女孩的乳房發育，可以分為五個階段。

第一個階段是青春期以前，前胸那裡是扁平的，只有兩邊的乳頭凸起。

你不知道什麼樣？撩起衣服看看你自己的前胸，就那個樣子。女孩子的乳房在還沒有發育之前，和我們男生是一樣的。

進入青春期後開始第二個階段。乳房開始發育，構成乳房的乳腺，以及周圍的脂肪組織會在乳頭和乳暈周圍形成一個鈕釦樣的小鼓包，乳頭開始變大，乳頭和乳暈的顏色也開始變深。

第三個時期又叫乳暈期，這一時期乳頭和乳暈下的乳腺管開始向外突出，乳房會比以前更圓，並且呈圓錐形。乳暈也在變化，範圍變得更廣，顏色也變得更深。這時期乳頭的周圍可能會出現有脹痛感覺的硬塊，如果不小心碰到了，乳頭就會很痛。

第四個階段裡，乳頭和乳暈會從乳房上微微突出，胸部的隆起已經依稀可見，漸漸呈現一個半球的形狀。

第五個階段，也就是最後一個階段，乳頭、乳暈等部位已經發育成熟，乳房變得豐滿，乳頭上出現了一個小孔，以後乳汁便是從這裡流出來的。

這便是女孩乳房發育的全過程，你所看到的「鼓起來」，和你自己的「小弟弟」發育一樣，屬於正常的生理現象，這正說明那個少女開始走向成熟。

發育的乳房，不僅能夠體現女性特有的曲線美，更重要的是還為以後的哺乳做好了準備。乳房的發育，和青春期的一切變化一樣，發生早晚、發展快慢，都是因人而異的。有的女孩兒發育早，八、九歲乳房就開始隆起了，也有的發育晚，都上高中了還沒動靜。還有的雖然發育早，但是發育得慢，有的發育晚，但是發育得很快。

一般來說，只要不太晚或者太早，都是正常的現象，不管早晚快慢，最後都發育成和成年女性一樣的乳房，具備正常生理功能就行。

小小提醒

　　女孩子的乳房在剛開始發育的時候，乳房會有輕微脹痛，或者是癢癢的感覺，不是很舒服。而且這時的乳房還很脆弱，一旦不小心碰一下撞一下，都會很痛。如果碰撞得重了，還可能對身體造成傷害。

　　因此，這時期的女孩子要保護好自己，男孩子也應該瞭解這些知識，在和女孩子交往的時候，要注意不要碰到她們的胸部。

乳房有什麼作用呢？

❓【我有問題】

「鼓起來」的地方，原來是發育起來的乳房，那麼乳房是有什麼作用呢？

➡【答疑解惑】

在瞭解乳房的功能之前，我們可以先來瞭解一下乳房的結構。

從外表上看，乳房好像一個扣在胸前的半球，正中間的凸起部分就是乳頭，在乳頭的中間有一個孔洞。

乳頭周圍的一小圈皮膚呈淡紅色，富有皮脂腺，這就是乳暈。乳暈和乳頭的皮膚都比較嬌嫩，容易破損。乳暈再往外，就是乳房了。

　　從表面上看，就是一堆隆起的肉而已，看不出什麼名堂。其實這部分可不是單純的肉，它的皮膚下面包括兩部分：乳腺和脂肪組織。

　　什麼是乳腺呢？它就是一組腺體，分泌乳汁就是它的主要工作。乳腺就像一棵大樹，樹根在乳頭，細小的枝幹不斷向四處發散。乳腺的這些「枝幹」，叫作乳腺葉。

　　乳房腺體大概有 15 個到 20 個乳腺葉，每個乳腺葉都有一根輸乳管，一直通到乳頭那裡，乳頭中間的小孔，就是眾多輸乳管的開口。每個乳腺葉還會再分成若干個乳腺小葉，每個乳腺小葉又是由幾十個腺泡組成的。

　　這種結構，是不是很像一棵大樹分成幾個枝杈，每個枝杈上又有很多分支和樹葉？只是乳腺這棵大樹是倒著長的，根部在乳頭那裡。

　　乳腺的周圍就是脂肪組織了，它們將乳腺包圍，乳房主要是由脂肪構成的。有數據顯示，乳房的 97％ 都是脂肪。所以，乳房的大小，很大程度上取決於脂肪組織的多少。

　　這就是乳房的結構，簡單的說，乳房裡面就是乳腺，還有包圍著乳腺的脂肪組織。乳頭那裡就是乳腺的開口，它就像一個水龍頭。所以，乳房最主要的功能，就是產生乳汁，也就是哺乳。因為乳房是哺乳動物特有的器官，所以這個名字也是因此而得來的，而我們人類擁有乳房，所以也是哺乳動物的一種。在青春期，乳腺的發育和成熟，都是在為哺乳做著準備。

　　乳房的第二個作用，就是它是女性第二性徵的重要標誌。乳房的發育很早，比月經初潮還要早個兩、三年，差不多是在女孩 10 歲的時候就已經開始發育了。所以，這是可以看到的、女孩青春期開始的標誌。

　　而且，擁有一對豐滿、對稱、外形漂亮的乳房，也是一個女子健康美麗的標誌。女性能有一個很好的身材，乳房占據著至關重要的地位。

小小提醒

　　乳房不僅有哺乳和展示第二性徵的功能，它還對男女性活動有重要作用。

　　可以說，女性除了生殖器以外，最敏感的器官就是乳房了。在受到異性的刺激時，乳房會產生乳頭突起、乳房脹滿等反應，而這些反應又會在性活動結束後自動消失。

為什麼乳房會有大小之分？

據我觀察，女人的乳房有的比較大，像兩個球一樣，而有的比較小，甚至還沒有比較胖的男同學的胸部大呢！這是怎麼回事？

【答疑解惑】

如果分別在男人和女人中間，就和性有關的話題做一個調查：你最關心的是什麼？在男人那裡，最關心的毫無疑問是「小弟弟」的大小，而在女人那裡，最多被提起的，也就是你提出的這個問題了。

你看，乳房大小的問題連你一個小男孩都關心起來了，那對女孩子來說，又怎麼可能不被關心呢？

　　和中國人相比，西方女人乳房普遍比較大，這也給人造成了這樣一種印象：乳房，就是又大又好，越大越性感，越大越漂亮。

　　有些剛進入青春期的女孩，也在為自己的乳房大小而苦惱。有個女孩在寫給健康專家的信裡這樣寫道：「我是一個14歲的女孩，和同齡的女孩相比，我覺得自己的乳房太大了，高聳的它不僅讓我感到難為情，還會招來男孩異樣的目光。我想透過減肥，來讓它小一些。就因為它，我平時都儘量穿一些寬鬆的衣服，但還是覺得不輕鬆。」很明顯的，這個女孩是在為自己的乳房大而感到苦惱。

　　這裡還有另一種苦惱：「我已經16歲了，女同學們的乳房都發育得很好，挺得高高的，都穿胸罩了，只有我不一樣，胸部那裡還是平平的，真是難為情啊！感覺我像個怪胎一樣。」

　　很明顯第二個女孩應該是屬於發育過晚的類型，其實這沒有什麼可擔心的，也許下個月她就會發現自己的乳房已經開始發育了。

　　不管是男人還是女人，關心乳房大小這件事，其實都是沒必要的。乳房的主要功能是什麼？哺乳啊！哺乳是乳腺的作用，而乳房是大還是小，只取決於包著乳腺的脂肪組織，和哺乳沒什麼關係！

　　雖然不可否認，乳房的大小確實會在一定程度上影響一個女性的曲線美，但只要乳房的哺乳功能正常，那它到底是大還是小，就根本沒有什麼好擔心的了！

　　話說回來，乳房的大或小，和種族、遺傳、年齡、胖瘦等因素都有關，比如歐洲女性的乳房就相對大一些，而亞洲女性的就相對小一些，這是和地理環境有關的，和自身的好壞並沒有關係。

　　乳房發育的早晚，也不會影響成年以後乳房的大小和形狀。即便乳房

很小，也不會影響生育和哺乳，所以根本不必為此過於憂慮和煩惱。

她們現在最需要做的就是在平時注意站姿、坐姿和行走的姿勢，要挺胸收腹，這樣可以自信起來，同時也有利於乳房的發育。

當然，如果有些女孩子實在覺得自己的乳房過小有些影響美觀，別忘了，現在可是有很多美容醫院可以做豐胸手術的，就能馬上改變女性的身材。所以，她們也不用再為自己的乳房大小憂愁了，好好地做個自信的小女生就夠了！

小小提醒

作為男孩，雖然不用為自己的乳房大小而煩惱，但是也要對此樹立一種正確的觀念，對乳房的作用正確而理性地認識，可不要形成那些「乳房越大越好」「大乳房才性感」等等錯誤又無聊的觀念。

媽媽的乳房怎麼沒有乳汁了呢？

⁇ 【我有問題】

乳汁是由乳房產生的，為什麼媽媽的乳房現在沒有乳汁產生了呢？

➡ 【答疑解惑】

很顯然，你都已經忘記了你小時候是怎麼喝媽媽的乳汁了！也對，那個時候你還太小，不記得也正常。乳汁既然叫乳汁，自然是由乳房產生的。那麼，乳房是怎麼產生乳汁的呢？這其中還有一個比較複雜的過程。

前面在介紹乳房的結構時，已經提到了，乳房中的乳腺，由好多個乳腺小葉構成，裡面還有腺泡。這些就好比一個一個的生產空間，它們的任務就是專門生產乳汁。

不過，這個乳汁的加工廠，並不是時時刻刻都在生產乳汁的，就像一般的工廠一樣，它也需要接到「上級」下達的命令，才會進行工作。而這個上級，就是位於人腦中的垂體。

在懷孕期間，由卵巢和胎盤產生的雌性激素和助孕素，會刺激乳腺中的腺泡發育，就好比讓這個加工廠提高生產能力一樣，但是這時並不會分泌乳汁。

分泌乳汁，需要另一種激素，那就是由腦垂體分泌的「泌乳素」，又叫「催乳素」，這種激素在孕婦分娩以後，開始大量分泌，刺激腺泡。於是，接到了生產命令的乳汁加工廠正式開工。這時的產婦會感覺到乳房有脹滿的感覺，但是，乳汁是不會自動排出的，想讓它排出來，還需要享用它的人——嬰兒自己的努力。

當嬰兒出生以後，第一次吸吮乳頭的時候，會刺激乳頭和乳暈區豐富的感覺神經末梢，而腦垂體接收到這種刺激之後，便會開始分泌一種叫「催產素」的激素，這種激素會刺激乳腺附近的肌肉細胞，讓它們收縮，進而將乳腺中「生產好」的乳汁排了出來。與此同時，腦垂體也會繼續分泌催乳素，刺激乳腺源源不斷地生產乳汁。

就這樣，媽媽乳房中產生的乳汁，被嬰兒透過自己的努力吸到了肚子裡。

乳汁，是嬰兒來到這個世界上，最早吃到的，可以用來填飽肚子的食物。這時候的他們還沒有牙齒，消化系統也還沒有發育完全，不能像成年人一樣吃飯吃菜。

乳汁本身是非常有營養的，其中含有碳水化合物、蛋白質、脂肪、維生素、礦物質、脂肪酸和牛磺酸等的營養物質，足以讓嬰兒長得又高又壯。

　　乳汁的營養價值和它所起到的作用，是沒有任何別的東西能夠代替得了的，包括牛奶，以及各種嬰兒奶粉在內，無論電視裡的廣告將產品宣傳得多好，但事實上它們都沒有辦法和母乳相比。

　　那麼，為什麼你的媽媽現在沒有乳汁產生了呢？

　　這是因為乳房產生乳汁，是和懷孕這個過程密切相關的，沒有懷孕，自然就不會有乳汁。如果你的媽媽現在又給你生了一個弟弟或者妹妹，那麼她很快就又會有乳汁產生了。

　　不過，凡事無絕對，也可能出現沒有懷孕卻產生了乳汁的情況。透過前面的介紹，你已經看到了，乳汁的分泌主要是取決於腦垂體分泌的催乳素，只要乳腺發育正常的女人，在催乳素增加時，就會分泌乳汁，而正常情況下是分娩了之後催乳素才會增加。

　　但是，也有可能因為別的異常因素刺激了腦垂體進而使其分泌了催乳素，導致的結果就是，沒有懷孕的女人也會分泌乳汁，這種現象叫「乳頭溢液」。出現這種情況一般就要去看醫生了，有可能是服用的某種藥物，比如高血壓藥、鎮靜劑、避孕藥等引起的副作用。

小小提醒

　　母乳營養豐富，不過如果你有機會能夠喝到母乳的話，就會知道它的一個缺點，那就是口感不好，這是為什麼呢？因為你喝到的口感好的東西，比如各種飲料、果汁，裡面都是添加了大量添加劑和糖分的，自然好喝，但是母乳是沒有這些東西的。

　　母乳會有一種淡淡的腥味，所以喝慣了飲料的你自然覺得口感不好。但是這些對於小寶寶來說卻不是問題，因為他們只顧著吃飽就行了，才不會在乎什麼口感問題呢！

女生為什麼要戴胸罩？

❓【我有問題】

有的時候和媽媽去商場看到有賣「胸罩」這種東西的，媽媽說那是女人穿在胸前的。那麼女人們為什麼要戴胸罩，它有什麼作用？

➡【答疑解惑】

從青春期開始，乳房發育成熟的女人都會戴胸罩。胸罩是貼身戴的，是女人們上半身最裡面的衣服。

如果你看到了商場裡賣的胸罩，就會知道胸罩的前面就像兩個布料，會將乳房包住，然後會有兩根帶子跨過肩膀，和胸罩的後背部分接上，已承受力量。

女人們為什麼要戴胸罩呢？

戴胸罩有以下幾點好處。首先，它會托住乳房，防止它下垂。同時，有了它，女人在走路、運動和進行勞動的時候，乳房也不會擺動或下垂。

其次，戴著胸罩可以讓乳房更加集中，顯得乳房更加豐滿高聳，也會將女性的體型顯得更加柔美。

第三，胸罩還有促進胸部血液循環的作用，對乳房的發育也是有幫助的。

最後，乳頭和乳暈那裡是很敏感、很薄弱的，胸罩可以為它們提供一層防護，保護乳頭不會被擦傷或碰疼了。在冬季，胸罩就像一件貼心的小背心，還有著保暖的作用。

每個女人的身材胖瘦、乳房大小都不一樣，所以需要的胸罩也不一樣。因此，胸罩和其他衣服一樣，也是有分不同尺碼的，而且還分得很細。胸罩這種東西是長期貼身穿的，它的壽命也就只有幾個月，一旦裡面的鋼絲變形，或者肩帶、背帶失去了彈性，這件胸罩也就該扔掉了。

那麼，一個女孩子是從什麼時候開始戴胸罩的呢？這要看她的乳房發育程度了。

一般來說，從 16 歲到 18 歲，女孩的胸廓和乳房基本就發育成熟了，這時候可以找一把尺，先沿著乳頭的高度量一下上胸圍，然後再沿著乳房的根部量一下下胸圍，如果兩個數字相差超過 10 公分，就是到了可以穿胸罩的時候了。

如果年齡沒到 16 歲，上下胸圍相差也不夠 10 公分，那就不用戴胸罩，因為過早地戴胸罩反倒是有害的，它不但會束縛正在發育期的乳房，還有可能對以後乳汁的分泌造成影響。因此，對於處於發育期的乳房，還是放

鬆一些比較好。

　　儘管胸罩有上面說的那些好處，但是對於成熟的女人來說，也不是每時每刻都戴著胸罩的，因為它有好處的同時，也有一些不好的地方，比如穿著時間長了，會有束縛感，非常不舒服，而且夏天的時候還會覺得熱，所以女人們一般都是晚上睡覺的時候，就會把胸罩脫下來，等到早上的時候再穿上。

小小提醒

　　有些青春期的女孩，在乳房剛開始發育的時候，對這種現象還不能接受，為了掩蓋日益隆起的乳房，她們會用窄小的胸罩、緊身衣等來束緊胸部，使人沒有辦法從外表上看出她們的乳房已經開始發育變大。

　　這種掩耳盜鈴的做法是錯誤的，會影響乳房的正常發育。女孩們應該從思想上接受這個變化，泰然處之。

「處女膜」是什麼？

我聽電視裡面提過「處女膜」這個詞，好像和女孩子純不純潔有關係。是這樣的嗎？處女膜長在哪裡？是什麼東西？

【答疑解惑】

首先，你要明白這樣一件事，處女膜這個東西確實存在，而且是女人有，男人沒有的，但是，它和純潔不純潔，一點關係都沒有。

再來說說處女膜到底是什麼。處女膜其實就是一層膜，它長在女性的陰道口裡面，如果說陰道口是一道門的話，那麼處女膜就是剛進這道門不遠，就會遇到的一堵牆。不過這堵牆不是完全封閉的，它的中間有一個洞。

處女膜是一出生就有的，不過在青春期以前，它都是又小又厚的。進入青春期以後，整個生殖系統都在大發展，處女膜也不例外，它會變得大而薄，還很富有韌性。

處女膜是粉紅色的，很濕潤。一個成年女子的處女膜，大概有 1 毫米到 2 毫米厚，當中有一個小孔，直徑在 1 公分到 1.5 公分左右。這個孔名叫「處女膜孔」，月經就是順著這個小孔流出來的。

這個小孔是什麼樣的呢？每個人都不一樣，它可以是圓形的、橢圓的、扇形的、傘形的、半月形的等等，還有的好像一張篩子，上面有好多個小細孔。專家們統計過，大概有三十幾種形狀。不過，大部分的是圓形或橢圓形的。

處女膜出生就有，但是它不會陪伴女人一輩子，一般來說，在第一次進行性行為的時候，陰莖會插進陰道，因為陰莖的直徑是大於處女膜孔的，所以處女膜會破裂，還會出血，因此它的生命就這樣終結了。

所謂的處女膜和純潔不純潔有關係的說法，就是根據這個來的。從來沒有進行過性行為的女子稱為「處女」，人們之所以把這層膜叫作處女膜，就是將它的存在視為一個女子是否是處女的標誌。

在舊社會，女子的社會地位低下，很多時候就是男人的玩物，而且那時候還有一套腐朽的「貞操觀」束縛著她們，如果在婚前少女就和一個男人發生了性關係，那麼她是沒有辦法被世人接受的，因為這是一件很丟臉的事情。

那麼怎麼鑑定一個女人是不是處女呢？很簡單，就是根據處女膜，如果和她進行性交時出血了，那就是處女，反之就不是。

但這並不能作為絕對的標準，因為有些時候，劇烈的跑步、騎車和進

行體力勞動都有可能會使處女膜破裂，所以有些女生即使沒有進行過性行業，但處女膜卻可能已經破裂了，而在第一次性交時，就不會流血了。還有的女人，處女膜比較厚韌結實，處女膜孔又比較大，所以即使性交過，也沒有破裂，還和處女一樣。

所以說，從科學的角度說，根據處女膜是否存在、是否出血來判斷一個女子是否是處女，是不準確的。

那麼，處女膜有什麼作用呢？從它所在的位置就可以看出來，它就是把守在女性生殖系統入口的一道屏障，可以阻擋一些細菌病毒的入侵。另外女性的陰道口和尿道口離得很近，處女膜也可以防止尿液流進陰道裡。

處女膜在破裂以後，會變得很不規則，不過不會留什麼疤痕，還是很柔軟的。在分娩的時候，更大的一個傢伙——胎兒會從這裡出來，因此處女膜會進一步破裂，這裡以後只會留下幾個很小的隆起痕跡，被稱為「處女膜痕」。

小小提醒

有極少部分的女性，是沒有處女膜的，還有極少數的女性，處女膜上是沒有孔的，就是說那裡是完整的一道牆，這樣的情況在醫學上被稱為「處女膜閉鎖」，也有稱為「石女」的，不過這樣處女膜閉鎖的情況是「假石女」。

值得注意的是，一旦女孩子出現了這樣的情況，一定要到醫院去及時治療，免得給身體帶來更大的損傷。

雌性激素具體的作用有哪些？

? 【我有問題】

女人體內的雌性激素是和男人的雄性激素相對應的嗎？它有著什麼作用呢？

➡【答疑解惑】

女性體內雌性激素所起的作用，和男性體內的雄性激素起的作用基本是一樣的。前面也提到了，雌性激素是由卵巢分泌的，卵巢的功能也和男性的睪丸差不多。

那麼，雌性激素的具體作用有哪些呢？我們再來仔細梳理一下。

雌性激素的主要作用，就是促進女性生殖器的發育，以及女性第二性

徵的發育和保持。不同年齡層的女人，雌性激素的作用是不一樣的。

在女性還只是一個胚胎的時候，她的「身體」裡所含的雌性激素很少，而且不含雄性激素，所以雌性激素對女性生殖系統的分化是非常重要的。

在青春期以前的兒童期，女性體內的雌性激素都很低，因此生殖器一直沒有發育。進入青春期以後，在腦垂體的刺激下，卵巢開始大量分泌雌性激素，於是，女性生殖系統開始大發育，同時乳房、陰毛等第二性徵也開始出現。

女人在絕經以後，體內的雌性激素急劇降低，在進入老年以後，卵巢基本停止了工作，它一生的使命已經完成。

如果在青春期的時候，雌性激素分泌得過少了，生殖器就不會正常發育。而如果在青春期還沒到來的時候，雌性激素就大大增多了，會出現性早熟現象。性早熟就是提前好幾年出現了青春期才該有的乳房發育、月經來潮等現象。

雌性激素還會引起全身的發育，比如讓女性全身脂肪和毛髮分布都具有女性才有的特徵，讓她們的音調變高、骨盆變寬大、臀部變肥厚等，還有身高、體重突增這些，都是雌性激素在背後所起的作用。

在女性體內，除了雌性激素以外，還有一種性激素很重要，它就是助孕素。它的主要作用就是刺激子宮內膜和子宮平滑肌，好讓它們發育得適應受精卵的著床和維持妊娠。因此，助孕素是和雌性激素密切配合著的，共同來讓女人順利完成正常的生殖功能。

不管是雌性激素，還是雄性激素，對人體的正常發育都是不可缺少的。但是凡事都有個限度的問題，超過便不好了。

據最新的科學調查顯示，最近十幾年來，青少年青春期的開始大大提

前了。這是為什麼呢？

我們周圍的食品中，不少含有高含量的激素，兒童吃了這些富含激素的食物後，導致體內的性激素水平不正常地提高，所以才出現了六、七歲的女孩乳房發育、來月經，小男孩長鬍子這種詭異的現象。

由此可見，性激素雖然作用很大，但也不是越多越好。

小小提醒

哪些食物可能含有高含量的激素呢？一些幫助成長的、補鈣的保健品中可能就含有激素，還有不少畜類、禽類、魚類的肉中也可能含有很多激素，因為這些動物在養殖的過程中，很可能吃了大量的促進生長的激素飼料，而人類吃了這樣的肉類，便會在一定程度上受到影響。

男孩不好意思問的事

THE THINGS BOYS FEEL SHY TO ASK

CHAPTER
6

學會愛護自身健康

你已經知道「小弟弟」和「蛋蛋」對於男孩子來說的重要性了，但是你知道在日常生活中，要怎樣呵護它們，才能使它們避免受到傷害嗎？

「打手槍」這個詞，你一定聽說過，但是你知道它是什麼意思嗎？作為男孩子，乳房那裡好像腫脹變大了，你是不是會感到害怕還有驚訝？對於爸爸和叔叔們抽菸喝酒的事情，你是怎麼看待的呢？覺得他們很酷，很想向他們學習，還是覺得這樣會對身體不好？在平時的學習生活中，你有注意保護自己的身體嗎？

進入青春期，你的身體在發生變化的同時，心理上也有了很大的變化，這在前面的學習中，我們就已經知道了。但是你們是否有想過，能夠擁有一個健康的身體，對你們來說有多重要呢？

自己的身體，一定要自己做主，絕對不允許病症侵襲！

「小弟弟」和「蛋蛋」
應該怎樣呵護？

? 【我有問題】

既然青春期裡「小弟弟」和「蛋蛋」都開始發育了，而且它們又都是如此重要，那麼我在平時應該注意些什麼來保護它們呢？

➡ 【答疑解惑】

其實，對「小弟弟」和「蛋蛋」這對生殖器組合的照顧，上面也提到過一些，這裡再全面地說一下。

青春期男孩對生殖器的呵護，應該從以下這幾個方面來做。

　　第一，個人衛生要做好，注意保持陰部那裡的衛生。要每天用水清洗陰莖和睪丸。內褲等衣物還有床單、被褥等有可能和生殖器直接接觸的，要勤換勤洗，從裡到外，都做一個乾乾淨淨的小伙子。

　　第二，在下身的衣物選擇上，要注意五個字，那就是「要鬆不要緊」。所以，裡面的內褲要穿寬鬆的，不可穿過於窄小的。外面的褲子，也和那些「塑形」「顯形」的緊身牛仔褲說再見吧！

　　為什麼「要鬆不要緊」呢？一是因為處在青春期的你們，生殖器都在迅速發展，過於窄小的衣物會束縛它們的發育。二是過於窄小的衣物不利於通風，你總穿這樣的衣服，就會發現「小弟弟」和「蛋蛋」那裡老是又癢又濕，十分不舒服，在炎熱潮濕的夏天尤其如此。而且你知道的，「蛋蛋」很怕熱，所以，儘量穿寬鬆的衣服，不僅會覺得舒服，也有利於身體健康。

　　第三，「蛋蛋」怕熱這件事可是大事，不僅是不穿緊身褲子就行了，還要注意，儘量少去洗三溫暖，洗淋浴的時候，也不能用過熱的水沖洗「蛋蛋」，更不能直接坐在很熱的浴池裡。

　　第四，「小弟弟」和「蛋蛋」還很脆弱，十分害怕外來的衝撞，因此在進行體育運動、體力勞動，還有和同學玩鬧的時候都要小心，不可傷到它們。自己小心，同時也要注意別人，不要做可能傷到別人的動作。

　　第五，飲食上也要注意，要管住自己的嘴巴。青春期，要少吃辛辣、油膩等刺激性的食物，還要注意，切不可沾染菸、酒這兩種不良嗜好。

　　第六，平時不要看一些色情的書籍、電影、電視、網路視訊等等，不要頻繁自慰。

　　以上這六項，基本就是青春期的你們，呵護「小弟弟」和「蛋蛋」的主要方式了。

最重要的，還是思想上的認識。

生殖器對人的生命非常重要。你們現在才剛進入青春期，對性還比較懵懂，所以一定要盡早地認識到保護生殖器、保護生殖健康的重要性。只有這樣，才能給自己一個健康的身體，一個遠大的未來。

身體是自己的，而且每個人也只有一個身體，不可複製，不可重來，所以一定要重視保護身體的重要性。青春期的男孩，你的一生才剛剛開始，切不可馬虎！

小小提醒

如果發現睪丸和陰莖有一些異常，比如意外受傷，或者天生的包莖、隱睪等現象，一定要及時告訴家長，馬上去醫院就診，不要因為怕羞、不好意思而耽誤了大事情。

為什麼外陰那裡要經常清洗？

？【我有問題】

外陰也就是「小弟弟」和「蛋蛋」這裡，為什麼要經常清洗呢？它又不像手、臉這些地方，整天都暴露在外面啊！

【答疑解惑】

確實，外陰這裡確實不是像手、臉這些地方整天暴露在外面，而且這裡還是全身覆蓋衣物最厚的地方，即便是在最熱的夏天，你可能脫了上衣光著膀子，可能穿著短褲露著小腿和腳，但是陰部這裡至少還有短褲和內褲。所以，這裡好像並沒有經常清洗的必要。

其實，我們身體的一個部位是否需要經常洗，其中一個原因為是否總

暴露在外面，而另一個原因就是要看這個部位有沒有什麼特殊的地方。

外陰部位就是這樣，這裡有一個很特殊的地方，那就是陰莖和睪丸的皮膚都比較鬆弛，伸縮性大，上面還有好多的皺褶，天生就適合藏污納垢。而且，我們前面提到過，這裡的汗腺還很發達，汗水分泌旺盛。此外小便、精液也都是從這裡排出人體的。

衣服多也是不好的，因為會導致這裡通風不暢。以上的這些原因造成了這裡幾乎可以說是人體最髒、最容易產生污垢的地方。大量的汗液、殘留的尿液、沒有擦淨的糞便渣、殘留的精液等等混合在一起，藏在陰囊、陰莖等處皮膚的皺褶裡，就成了髒東西。看到這麼多髒東西，是不是快要讓你噁心想吐了？

還記得包皮下面的冠狀溝嗎？那裡也是一個容易積存污垢的地方，包皮垢就是在那裡產生的。如此骯髒又不通風的地方，非常適合細菌、病毒之類的微生物繁殖，它們就是喜歡這樣的環境。

在平時，它們最多是讓你覺得癢癢的、潮濕等，感覺不舒服。然而當你身體免疫力下降的時候，它們就可能給你帶來一些疾病了，包括股癬、皮炎、濕疹、龜頭炎、包皮炎等等，這麼一長串名字，想想都可怕！所以，為了自己的健康，陰部這個地方，怎麼能不經常清洗呢？

清洗陰部，應該用溫水，不可用太熱的水。首先是清洗陰莖，注意要用手將包皮翻過來，將冠狀溝裡的污垢清洗乾淨。陰囊和大腿根部也要仔細清洗乾淨，直到將尿漬、污垢、糞便殘渣通通掃清。

清洗的順序也要注意，要先洗陰莖和睪丸，然後再洗肛門。注意，不能反過來。

小小提醒

清洗「小弟弟」和「蛋蛋」的時候要注意，清洗就是清洗，不要故意玩弄，以免產生性衝動，而引發性幻想、性夢、遺精、手淫等行為。

睪丸受傷了怎麼辦？

？【我有問題】

我知道「蛋蛋」它很脆弱，如果一旦不小心碰到了會怎麼樣？到時候應該怎麼辦？

➤ 【答疑解惑】

如果撞擊很重的話，那肯定會是非常疼的，也有可能讓睪丸就此「報銷」。所以，後果可能非常嚴重，你一定要萬分小心才可以。

一般來說，睪丸不會那麼容易受到嚴重的損傷，因為它有一種天生自我保護的能力。當它被撞擊的時候，會反射性地收縮，並貼到身體上。所以，只要撞得不是太重，只要稍稍活動一下，過一會兒，它自己就會復歸原位

了。雖然沒有傷害到睪丸，但是被撞一下，還是會很痛的。這時候你可以找一個水袋對它進行冰敷，在一定程度上能夠減輕你的一些痛苦。如果這種疼痛持續了很長的時間，甚至一小時之內還沒有緩解的跡象，那你就要去看醫生了。除了疼痛一小時之內沒緩解以外，出現了這三種情況，你同樣需要馬上去看醫生。

疼痛越來越嚴重；睪丸出現了青腫或腫脹的現象；尿尿感覺困難，或者是尿液呈現紅色、粉紅色。這幾種現象都顯示，你的陰囊裡可能正在流血，如果不馬上到醫院進行治療，後果會非常嚴重。

以上說的是由外力碰撞而造成的睪丸損傷疼痛，而有的時候，並沒有受到外力撞擊，睪丸也會突然感到劇烈疼痛，這種，一般也有兩種情況。

一個是陰囊裡的睪丸被扭傷了，出現這種情況一般是因為用力過猛的運動造成的，比如舉起很重的東西。這種疼痛，會在睡覺時加重，你很有可能在睡夢中，會被睪丸突然的劇痛給疼醒。而腫脹、噁心、嘔吐、眩暈則是有可能出現的併發症。這種情況當然也要馬上去看醫生，而且越早越好。

另一種情況是「腹股溝疝」俗稱的「疝氣」所引起的睪丸疼痛。「疝」是一類病的統稱，這種「腹股溝疝」一般是發生在肚子附近，如果再往下一點，就可能連帶著陰囊疼痛、出現腫脹。出現這種情況，和睪丸自身沒什麼關係，主要是其他病症連帶。但是這種「腹股溝疝」也是很厲害的，一旦出現了，需要馬上治療。

總之，不管哪種原因造成的睪丸疼痛，都不可不當回事。尤其是一旦出現了上面說的那幾種比較嚴重的情形，更是要馬上去醫院治療，切不可耽誤最寶貴的時間。身體是自己的，你不愛惜自己，誰還能來愛惜你？

小小提醒

　　我們的傳統就是這樣，和性有關的，包括性教育、性健康、性疾病、性活動等等，都是不好意思說、羞於提起的。因此，因為這個去醫院，也會覺得難為情。

　　其實這大可不必，生殖器和人體的其他的器官並沒有本質的區別，有了疾病都是一樣需要治療的，這是人體發育中不可避免的事情。所以，一旦有去醫院的必要，那就一定要大大方方地去，到正規的醫院接受檢查並治療，要知道，在疾病面前，時間是非常寶貴的。

「打手槍」是不是一件很骯髒的事情？

> ？ 【我有問題】
>
> 昨天晚上我在同學家住。半夜的時候，我迷迷糊糊中聽見旁邊床上的同學躺在那裡嗯嗯啊啊的，被子下面的身體也在一抽一抽的，不知道在幹什麼。我覺得很奇怪，問他：「你在幹什麼？」他含糊地回答我：「沒⋯⋯沒什麼，睡覺吧！」然後我就又睡著了。
>
> 今天早上，他偷偷地告訴我，他昨天晚上是在「打手槍」。這個詞我以前也聽別的同學說過。「打手槍」好像是猥瑣、骯髒的事情，是不是呢？

【答疑解惑】

「打手槍」這個詞，是男生取，現在也不知道最初是從何處來的。

其實這個事的學名叫作「自慰」，也叫「手淫」，就是指自己為了尋求性快感，而用手、衣物，或者別的東西來摩擦自己的生殖器，或者是別的性敏感區，透過這種方式來達到性興奮、性高潮，並從中獲得快感的行為。

青春期的男孩女孩都有可能進行自慰，不過在男孩當中更多見一些。而男孩自慰，多半是用手摩擦勃起的陰莖，以獲得快感，甚至是射精。

那麼，他們是怎麼發現這種方式的呢？

進入青春期以後，生殖器的敏感性也在不斷地增強，可能在一次偶然的用手或者別的什麼東西碰到了它們，比如睡覺時翻身壓住了，就會引起性興奮而產生一時的快感。感覺到了這種快感的男孩們嘗到了甜頭，就會故意去重複，結果體驗一次比一次深刻，最終也就學會了自慰。

在過去比較傳統的看法當中，自慰這件事確實被認為是一件很不好的事，認為是一種不道德的自我虐待，而且還對身體有害，會耗精傷髓、大傷元氣，嚴重的還可能導致陽痿、早洩等疾病，妨礙以後進行正常的性生活。

這種看法從自慰的另一個名字「手淫」就能看出來，「淫」字本來就不是個好字眼，淫蕩、賣淫、姦淫，都不是什麼好詞。

然而現在，人們對自慰這種現象的看法已經改變了，認為這是青春期的一種正常現象。男孩在進入青春期以後，隨著雄性激素的大量分泌，生殖器逐漸發育成熟，很自然就會產生性衝動和要求，內心萌動著對異性的

慾望,充滿好奇、憧憬和幻想。

　　如果再遇到外界的性刺激,比如來自色情電影、電視、書籍、網路等方面的影響,這種衝動就會變得更強烈。在這種心理的驅使下,男孩自行嘗試用自慰的方式來滿足這種慾望,也是正常的,這不是什麼罪惡的事情,和下流、骯髒一點都沒關係。

小小提醒

　　通常男孩在自慰活動後,都會在心裡產生一種負罪感,認為自己幹了一件很無恥的事情。不過這種心理只在自慰活動剛結束時出現,平時並不是很強烈。

　　其實,會出現這種心理,也是因為對自慰的錯誤認識,在潛意識裡他就認為自慰不是什麼好事,所以在自慰之後這種想法才會跑出來。想根除這種心理,還是要對「自慰」有正確的認識。

自慰對身體有害處嗎？

？ 【我有問題】

　　自慰這個行為，對身體有害處嗎？如果老是這樣的話，是不是以後就不能生小孩了呢？會不會帶來別的疾病？

➡ 【答疑解惑】

　　傳統的看法讓自慰被扣上了不好的帽子，一是認為這件事不道德，二是認為它對身體有害。還好現在這兩頂帽子基本上都已經被摘掉了。

　　自慰會耗精傷髓、大傷元氣這種說法，其實我們前面在介紹遺精的時候已經說過了，這種說法是錯誤的。青春期以後，人體的睪丸是在隨時隨地產生精子的，並不是總共只有那麼多，射一次精就少一次，慢慢就沒有

了。所以，自慰耗精傷髓的說法是沒有科學依據的。

美國著名的性學專家金賽，對 16000 名美國的男女進行調查後得出結論，92% 的男子，和58% 的女子，都有過自慰的行為，同時，自慰並沒有什麼對身體產生有害的後果。所以，自慰對身體有害也是站不住腳的。甚至可以說，自慰對身體還是有一定好處的。

青春期就是性發育成熟的時期，但是這時候他們離結婚，即能夠擁有正常的性生活還有至少五、六年的時間。再加上現在社會條件好了，孩子們的營養攝入充足又均衡，導致他們的性發育比以前提前，這就使得這段時間變得更長了。

但是，這幾年又剛好是性能量最高的幾年，他們需要一個管道去發洩、去接觸性緊張和性慾望。那應該怎麼辦呢？所以，自慰就是這樣一種既不會傷害他人，也不會傷害自己的釋放性能量的途徑，是一種為身體合理減壓的方式。因此，自慰其實是對生理和心理都有一定好處的。

不過，凡事都要有個限度。自慰這件事情本身對身體沒有害處，但是，如果是過於頻繁地自慰，那就另當別論了。

首先是身體上的，頻繁的自慰會造成盆腔慢性充血，引起遺精、滑精、前列腺炎、陰莖疼、排尿困難等疾病和現象。而長期的性神經過度興奮，又會導致性神經疲勞，有可能引發性慾減退、陽痿、勃起不堅等。

同時，過度自慰對心理也有一定的害處。

一個為了追求自慰的快感而頻繁自慰的人，會經常在自慰後產生悔恨、自責、羞愧的心理，一般還會伴有恐懼感和犯罪感。這會成為壓在他們心上的大石頭，成為心理的負擔，讓他們一直處於自責、羞愧、矛盾的痛苦和焦慮當中，進而引發一系列的心理問題。

　　因此，自慰本身無害，但是過度的自慰卻是有害的，所以做什麼事情都要講求一個限度。不過，關於這個限度，卻並沒有一個標準，多久一次才算過度，這是因人而異的。

　　一般來說，自慰活動，還是要控制在一週兩次的範圍內，多於兩次，就有可能有過度的嫌疑了。

小小提醒

　　如果一個男孩總是敏感、害羞、萎靡、孤僻，卻將自慰當作獲得滿足、緩解緊張情緒的唯一辦法，而過度依賴它時，這說明這個男孩的心理發育，還有社會適應能力出現了問題。

　　這時的自慰，已經成為他心理障礙的反應了，是一種病態，需要進行專門的心理治療。

應該怎樣控制自己，
好避免過度自慰呢？

？【我有問題】

晚上躺在床上睡覺的時候，我總是忍不住想一些奇怪的事情，直到下面的身體產生反應，然後自己解決。但我聽說，過度自慰是會對身體造成傷害的，爸爸也曾經因為這件事情找我談話。但我就是控制不住自己，我究竟應該怎麼做才能避免過度自慰呢？

【答疑解惑】

正處在青春期的你們，會產生這樣那樣的情況，都是可以理解的。想

要避免過度自慰，首先應該在思想上正確認識自慰這件事情。要樹立科學的觀念，對過度自慰可能帶來的危害有一個正確的瞭解。

我們已經瞭解到，處在青春期，適當的自慰行為，是可以緩解青春發育期壓力的正常現象，對健康並沒有影響，而過度自慰才可能會給身體帶來危害。

正處在青春期的小男孩們，心理發育還不是很成熟，自制能力比較差。所以，當你們學會了自慰，並從中感受到了快感之後，便會很容易沉溺其中而不能自拔，然後就出現了過度自慰的現象。但事實上過度自慰，不僅會對自己的身體造成傷害，還是一種對自己不負責任的表現。

因此，要控制自己，首先要學會抵抗住自慰的誘惑，當感到產生了性衝動時，要有意識地克制自己，將精力轉移投入到其他的活動當中，積極地參加豐富多彩的文化活動，培養自己的業餘愛好，充實課餘生活，這樣就可以淡化和轉移性慾，控制並降低自慰的次數。

可以在日常生活中，制定一個鍛鍊身體的計劃，每當你感覺到學習生活壓力變大，大腦開始胡思亂想的時候，可以透過鍛鍊來讓你的大腦暫時忘記自慰的想法。當然你也可以唱歌，總而言之，要儘量將自己的注意力轉移到其他事情上。

還有一種方法，你可以隨身攜帶一個卡片式的便攜日曆，當你的身體出現性衝動，有些無法控制自己的時候，你可以在這張卡片上，將這一天用其他顏色的筆標記出來。這個日曆就是對你身體的一個記錄，它會給你一個十分強烈的視覺信號，提醒你控制自己。當你的身體又產生反應，只要看到它，大腦就會出現一個反抗的信號，讓你儘量避免。

另外，這個日曆，也可以使你對自己的身體做出一個週期性的研究，

比如什麼時間會讓你產生衝動，而無法控制自己。這樣，以後你就能比較準確地估算出那一天，儘量避免自慰了。

另外，還有人說，可以透過「厭惡療法」，讓你從自己的心理上，反感自慰。比如你可以想像一下，每次自慰之後，你就不得不到一個爬滿蠕蟲、蟑螂、蛆蟲、蜘蛛等蟲子的浴缸裡洗澡，相信隨之而來的不舒服感，會打消你的自慰念頭。

還有一點很重要，就是儘量遠離會引起性衝動的影視劇，尤其是網上路傳播的那些色情照片或是影片，那些東西本就不該讓青少年觀看，不僅會對心理產生影響，還會引起性衝動，甚至造成過度自慰。

小小提醒

有些自慰已經成癮的男孩，經常會在睡夢中，或者半夢半醒的時候出現自慰的情況，為了減少此種情況的發生，可以選擇在睡覺的時候，多穿幾層衣物，這樣能夠減少「小弟弟」和被子之間的摩擦，有助於避免在這種狀態下的自慰。

我會得前列腺增生這個病嗎？

？【我有問題】

我在電視裡看到醫院廣告，經常提到前列腺這個詞，總說很多男人都會得前列腺增生、前列腺肥大這些病，是這樣嗎？我會不會以後也得到呢？

➡【答疑解惑】

有個成語叫杞人憂天，你聽過嗎？你現在就是在杞人憂天了。

前面在介紹男性生殖系統的時候，已經介紹過這個前列腺了，它是一對男人特有的腺體，躲在膀胱的下面。它的形狀好像栗子，重約 20 克。尿道就是從它的中間穿過的。

前列腺分泌前列腺液，這是精液的組成部分之一。這種前列腺液有時

候也會單獨從尿道流出來，這就是前面已經說過的「流白」。

那麼，什麼叫前列腺增生呢？簡單地說，就是前列腺，它的體積變大了。人的一生中，前列腺的體積並不是一直不變的。在青春期之前，前列腺和其他生殖系統的器官一樣，發育生長非常緩慢，而進入青春期以後，它的發育開始加快，一直到 24 歲，才達到頂峰。此後 20 年左右時間，前列腺的體積比較穩定，一般不會有大的變化。

但是，在進入中老年以後，一部分人的前列腺又開始變大了。我們知道尿道是正好從前列腺中間穿過去的。如果說尿道是一條蜿蜒的公路，那麼前列腺就是夾在公路兩旁的兩座大山。

而青春期後發育到了頂峰的前列腺，對尿道並沒有影響。但是進入中老年以後，如果前列腺繼續變大的話，就會有影響了，變大的前列腺會擠壓尿道，所以，出現前列腺增生的人，小便就會感覺不舒服，比如尿頻、尿急、尿痛、夜尿失禁、尿不暢等等，這就需要去醫院接受治療了。

但是，這是中老年男子的常見病，和你這個剛剛進入青春期的小伙子又有什麼關係呢？這可不是說你不會得前列腺增生，就徹底安全了。

有一種前列腺病，恰好是青壯年男子容易得的，你需要瞭解這種病的知識。那就是慢性前列腺炎。

對於青壯年來說，誘發慢性前列腺炎的原因可能有以下幾種：一是受了傳統觀念的「一滴精十滴血」的說法影響，有了性衝動，或者是在性生活當中，故意忍住射精的衝動，或者是為了避孕，而在射精之前中斷性交，並不射精，這都會讓前列腺過度充血，產生炎症。

還有一種是因為單身、離異、分居等原因，沒有規律的性生活和排精活動。

對於青春期的男孩來說，還有一種隱患，可能會對前列腺造成和上面類似的壓力，那就是過度自慰。過於頻繁的自慰，會讓前列腺慢性反覆充血，這樣就會影響它正常的分泌和排泄功能，也就可能誘發前列腺炎。

所以，為了避免得了慢性前列腺炎，男孩子們也要注意，不要過度自慰。

小小提醒

關於自慰和前列腺炎的關係，還是不能「一刀劃分」。過度自慰可能導致前列腺炎，但正常的自慰，是不會導致前列腺炎的。

而且，適度的自慰還可以釋放體內積存的前列腺液，緩解前列腺充血引起的血液淤積和性緊張，對保護前列腺，以及治療慢性前列腺炎，還是有一定好處的。

男孩也要「護膚」嗎？

❓ 【我有問題】

進入青春期以後，我的臉就開始有了大的變化，老是有那討厭的青春痘冒出來，也總是「一痘未平，一痘又起」！真是煩死了！

那些不長痘的地方總是油膩膩的，我的臉簡直是一張大油餅！可是我一點辦法都沒有，我也想像她們女孩那樣，用各種護膚產品，但是又怕別人說我很娘。是不是男孩子就不能「護膚」啊？

➡ 【答疑解惑】

其實不是這樣的，俗話說的好，愛美之心，人皆有之，是不分是男生還是女生的。況且，我們護膚，也不全是為了美，也是為了健康，所以，

男孩一樣可以像女孩一樣，講究護膚。

那麼，青春期的男孩應該怎麼樣保護自己的皮膚，才能儘量不出現大油臉的現象呢？或者，已經是「大油臉」了，應該怎麼樣去做，才能改變這種尷尬的情況呢？

你可以從以下幾點著手。

第一，要記得多喝水，為皮膚補充水分

地球人都知道，水是生命之源。皮膚也不例外，充足的水分是皮膚健康的一個重要因素。

水分充足可以沖淡油脂，可以保持水油平衡，可以減少油脂的分泌。這是因為，只有皮膚缺水了，才會分泌油脂去滋潤皮膚，也就讓你變成了大油臉。所以，要多喝水。

多少算多呢？一個健康人一天，差不多要喝1200毫升的水，才算充足。

第二，不想有大油臉，不想長痘痘，就一定要遠離菸酒

先說菸，香菸中含有很多的有害物質，比如尼古丁、焦油、一氧化碳等等，這些都是對人體有害的物質，可以讓你的肌膚看起來暗淡無光。

如果你身邊有那種「老菸槍」的話，你可以觀察他們的皮膚，定然大部分都是面容灰暗乾燥、皺紋多、顯得老，牙齒焦黃發黑。酒也是一樣，對皮膚也有強烈的刺激作用。所以，你要想皮膚好一點的話，就要遠離這兩樣東西。

第三，好好睡覺，睡個好覺

現代醫學研究已經證明了，睡一個好覺，是保證健康，乃至美容的一

個重要條件。那些總是熬夜，或者老是失眠的人，都容易衰老，皮膚衰老當然也包括在內。

睡覺也分時間段，半夜 12 點到凌晨 3 點這段時間尤其重要，這時皮膚細胞新陳代謝快，「以舊換新」的速度，甚至是你醒著的時候的 8 倍之多。因此，你要想皮膚好，首先要做到不熬夜、不起太早，保證睡眠質量和時間。其次，偶爾需要晚睡，或者早起，也要儘量保證半夜 12 點到凌晨 3 點這三個小時，你一定是在睡覺的。

第四，要學會正確地清潔你的皮膚，也就是洗臉

洗臉要注意按照由上到下的順序，用力適度，手指一邊拍一邊按摩。水溫要和人體體溫差不多，也就是手碰上去感覺不冷不熱最好。

用力不可過大，否則總這樣的話，會讓你的皮膚鬆弛、下垂。早晚各洗一次臉。

洗臉最好用專門的洗面乳，或者凝膠，清潔效果好，還不會破壞皮膚表層，刺激皮膚。

第五，要注意防曬、防凍，和女孩一樣

夏天烈日炎炎出門，別忘準備一些防曬油、防曬乳之類的防護品，防止皮膚被曬傷。冬天的時候也是一樣的道理，要防止臉部被凍傷。

只要你照著以上這幾點去做，你的皮膚就一定能得到不小的改善。實際上，護膚、美容這些詞，早就不是女人的專屬了，男人一樣需要，尤其是你們處於青春期的男孩，更要及早地關注自己的皮膚，擁有健康的皮膚，才會神清氣爽。

小小提醒

護理肌膚，飲食上也要注意。要少吃油膩、辛辣、有刺激性的食物，多吃蔬菜和水果。

科學研究證實，維生素有減少油脂分泌的效果。而瓜果蔬菜裡，就含有大量的維生素。

我的乳房怎麼也發育了？

？【我有問題】

最近，我發現我的胸前，乳房裡面好像長了個「小包」，像個腫塊似的，摸起來還有點痛，這是怎麼回事？

難道我的乳房進入青春期也開始發育了？但那不是女孩子才有的事嗎？

➜【答疑解惑】

這不是你的乳房發育了，而是青春期會出現的一種正常現象。

一般都認為，乳房發育，那是女孩子才會有的事，她們進入青春期以後，乳房開始發育，最終明顯突出身體，成為女性特有的身體特徵。

　　但是，也確實會有一部分男孩，會在青春期裡出現不同程度的乳房發育，表現就是乳房裡結節，並且出現局部的脹痛。此外，乳暈的範圍會變寬，顏色也會變深，乳頭也會稍稍變大一點。

　　這是為什麼呢？其實，出現這樣的情況，是雌性激素的作用。

　　我們知道女性在青春期時乳房發育，是因為她們體內的雌性激素大大增加，刺激乳房開始發育。而男性體內占主導地位的是雄性激素，所以乳房才不會發育得像女性那樣。但是，男性體內並不是沒有雌性激素的，就像女性體內不是沒有雄性激素一樣，只是量多和量少的問題。

　　男性體內的雌性激素，也是睪丸分泌的，只是一般會很少。

　　然而，有一些男孩進入青春期以後，刺激睪丸分泌性激素的激素特別多，導致他們體內的雌性激素的水平也一度上升了。在這些雌性激素的刺激下，他們的乳房也會有一段時期的發育，這時具體的表現，就是會在自己一邊或兩邊的乳頭下，摸到一個扁平的、像鈕扣一樣的腫塊。

　　不過這只是暫時的，一般只會持續半年到一年左右的時間，然後就會消失了。因為和女性比，這些男孩的雌性激素還是很少的，所以在發育程度上只能達到女性最初級的階段。後來消失了，則是因為雄性激素增多所致。

　　有青春期性專家做過統計，在100個男孩當中，大約有50到85個男孩，在青春期時，會出現這種「乳房的發育」，只是每個人的程度不同。

　　除了這種正常情況以外，還有極少部分的男孩乳房發育，是因為別的因素導致了體內的性激素不正常，促使雌性激素過多，或者是雄性激素過少等等，比如肝臟疾病、下丘腦疾病、甲狀腺疾病等等，都有可能造成這種情況。

　　還有的男孩是為了提高成績、應對考試亂服補品，而補品裡就有雌性激素，導致了體內的性激素不正常。

　　因此，如果你發現自己的乳房裡面出現了腫塊，不用太擔心，因為絕大部分都是屬於正常情況的，最多一年，那個腫塊就會消失得無影無蹤，你想找都找不到。

　　如果是乳房發育得很快，甚至像女孩一樣隆起了，或者是一年多了還沒消退，那就有可能是後一種情況了，你需要到醫院去檢查一下。

　　其實，即便真的是後面這種情況，體內的性激素出現了不正常的失衡，那也沒什麼可怕的。只要你找對病因，針對治療，很快就會治癒的。到時候，你的胸前就又和其他男孩子一樣了。

　　只是有一點要注意，治療過程中千萬不可因為老是惦記這事，就一直用手去觸摸、刺激乳房，這樣會非常不利於乳腺組織復原的。

小小提醒

　　在面對那些所謂的營養品、保健品時一定要慎重，尤其是那些聲稱能提高記憶力的，基本上大部分都含有雌性激素，所以能不吃，最好不要吃。

男人也會得乳腺癌嗎？

⁇ 【我有問題】

看電視廣告上經常提到乳腺癌，好像都是女人會得的，那既然男人也有乳房，也會發育，那男人也會得到乳腺癌嗎？

▶ 【答疑解惑】

答案是肯定的，男人也會得乳腺癌，只是非常罕見。

為什麼會得乳腺癌呢？本質原因是乳房細胞裡，出現了惡性的腫瘤組織。有乳腺組織就有乳房細胞，男人也有乳腺組織，所以，理論上也是有可能得到乳腺癌的。

那麼，一個男人可能罹患乳腺癌，都有哪些原因呢？

　　遺傳的原因非常重要，如果他的父母得過的話，那麼他也得乳腺癌的機率比別人會高了不少。後天的原因也很關鍵，比如雄性激素少而雌性激素多的人，肝臟有問題，尤其是患上了肝硬化的人，長期缺乏體育鍛鍊的人，肥胖得不正常的人，有前列腺肥大病或前列腺癌的人，長期大量服用雌性激素的人，這些男人，都有可能上了乳腺癌的黑名單。

　　大部分罹患乳腺癌的女人，都是自己發現的，而男人其實也應該培養自己檢查乳房的習慣，不要以為男人的乳房沒發育，就什麼事情都沒有，這樣的想法是大錯特錯的。

　　和女人相比，在發現早期的乳腺癌這一點上，男人是有優勢的，這是因為男人的乳房體積很小，所以，裡面出現一點點異物，或者是感覺到細微的不適，很容易就被察覺到了，及早發現早治療。

　　不過，從另一方面看，也有一點不好。那就是男人的乳房組織太小了，一旦出現腫瘤組織，它不需要多少時間，就能迅速擴散到整個乳房，很容易導致病變。

　　所以，青春期的男孩們，首先一定不能有這樣的錯誤認識，認為乳腺癌與男人無關，你們要懂得愛護自己的乳房，如果發現異樣，一定要馬上告訴家長，然後去醫院接受檢查。不要有愛面子、不好意思的想法，身體健康才是最重要的。

小小提醒

　　科學研究發現，體育活動能夠降低患上乳腺癌的機率，而過度的肥胖，則會增加患病率。這是因為脂肪細胞可以將雄性激素轉化成雌性激素。

　　而體育鍛鍊會燃燒多餘的脂肪，也就減少了雄性激素轉化為雌性激素的機會，自然也就降低了罹患乳腺癌的機率。事實上，常規的鍛鍊和保持體重，能夠減少患上很多疾病的機率。

我變成「駱駝」了怎麼辦？

？ 【我有問題】

最近班上的同學很討厭，給我取了個新外號——「駱駝」，他們說我走路時彎腰駝背的，就像個駱駝一樣！

我回家問爸爸媽媽，他們說我確實是這樣，以前我自己也沒注意到，如今該怎麼辦？我現在還有辦法改回去嗎？

➡ 【答疑解惑】

確實有這樣的情況，青春期的男孩子，有些看上去挺胸抬頭，精神抖擻的，而有些則低頭含胸，腰都直不起來，整個人顯得一點生氣都沒有，雖然還在青春期，但是卻像一個小老頭。

這種情況叫駝背，就是因為平時不正確的站、坐、行姿勢造成的。

我們知道人的身體有骨骼，它起到的是骨架、支撐的作用，而駝背就是骨骼出了問題，這裡的骨骼主要指的是脊柱。

人體的脊柱就是最中間的、由一串椎骨形成的一組骨頭，它是軀幹的中軸和支柱，是連接上肢和下肢的樞紐。脊柱並不是直直的，在人出生以後，脊柱漸漸形成了三個生理彎曲，分別是頸彎、胸彎、腰彎。這三個彎曲是正常的，並且是骨架的彎曲，能有緩衝壓力的作用，但是從側面來看，我們的軀體還是直的。

脊柱的周圍有許多韌帶及肌肉群，有著牽引和固定脊柱的作用，能夠使脊柱具有彈性和柔韌性。如果因為身體姿勢不正，而導致脊柱變形了，彎曲的程度超出了正常的範圍，就被稱為脊柱彎曲異常，其中脊柱後凸，也就是駝背，是最常見、最典型的一種。

而青春期的你們，身體的各個器官和組織還沒有發育成熟，脊柱也是這樣，一直要到 20 歲以後才最後發育成熟。

和成年人相比，青春期男孩骨骼中的有機物含量比較多，無機物含量比較少，所以骨骼的彈性比較大，而硬度較小，因此這時候的骨骼不容易發生骨折，但是很容易變形。

所以，如果這時候的你們在上課、讀書等活動中，沒有注意保持正確的姿勢，比如經常趴在桌子上寫作業、側著身子看書等，就容易讓脊柱變形，進而導致駝背。

駝背不僅僅是好不好看的問題，這還會影響心臟、肺臟等重要臟器的發育。

所以，青春期的你們，一定要重視這件事情。如果沒注意，已經駝背

了，那也不要緊，這時候骨骼還沒有完全定型，還可以再矯正回來。等過了青春期，骨骼已經定型，想再矯正那就困難了。

那麼，青春期的男孩子，應該注意哪些方面，來預防駝背呢？

第一，要養成良好的站、走、坐、睡姿勢，注意挺直腰桿、挺胸擴肩。上課和讀書寫字的時候，身體要坐正，雙肩齊平，和課桌保持一定的距離，腰桿挺直，不能趴在課桌上。站立的時候要挺胸收腹，雙腿伸直，重心放在兩隻腳上。走路的時候正視前方，自然挺胸。

第二，睡覺最好選擇睡硬板床，不要睡那種太軟的床，好讓脊柱在睡覺的時候保持平衡。睡覺時，枕頭不要墊得太高。

第三，加強體育鍛鍊。體育課認真上，做好課間操。另外，在全面鍛鍊身體的基礎上，可以選擇單槓、雙槓這種活動，它們對促進脊柱正常發育、預防駝背是有好處的。

最後要注意，進行體力勞動的時候，不要逞強去扛、背過於沉重的物體。哪個男孩不願自己是挺拔瀟灑的呢？哪個男孩不希望自己吸引異性的目光呢？那麼，就從改變你不良的姿勢開始吧！

小小提醒

心理因素也可能造成青春期的孩子駝背。進入青春期以後，他們可能對身體和心理出現的種種變化並不適應，因而出現自信心缺乏、自卑孤僻等心理問題，於是就養成了低著頭、含著胸走路的習慣，這樣時間長了也會駝背。

想要預防駝背，就要從心理問題上著手，對症下藥。

我的眼睛怎麼看不清楚了？

？【我有問題】

自從升入初中以來，課程比小學的時候多了很多，也難了很多，我感到壓力巨大！最近我發現我的眼睛也有變化，現在坐在班裡第三排，我都看不清楚老師黑板上寫的題目了！

本來我坐在班裡最後面也是能看清楚的，這是怎麼回事呢？

➤【答疑解惑】

你這有可能是已經「近視眼」了。

這是青春期的孩子最容易出現的身體問題之一。近視眼這種事情，和遺傳有很大的關係，有研究顯示，如果爸爸媽媽雙方都是近視，或者有一

方是高度近視，那孩子近視的可能性會更大。

　　營養上的問題也和近視有關係，那些嚴重偏食、營養不良、身體裡缺乏維生素 A、維生素 D 的孩子，會較容易患上近視。

　　不要因為上面提到的父母遺傳和營養不良這兩點原因會導致近視，覺得這些和你好像沒什麼關係就因此而放寬心。事實上，這兩種原因導致的近視，在近視大軍中所占的比率只是很小的一部分。大多數近視的人，都是由於自己在平時不注意用眼衛生，及讀寫姿勢不正確引起的。

　　那麼，近視是怎麼回事呢？當外界的光線進入眼球時，會經過一個叫晶狀體的部位，而我們大腦會根據物體的遠或近，透過睫狀肌來控制晶狀體收縮或鬆弛，以保證進來的光線正好落在晶狀體後面的視網膜上，這樣我們大腦接收到的，就是一個清晰的圖像。

　　而如果長時間保持不正確、不健康的用眼姿勢，就會讓睫狀肌長時間處於收縮的狀態，晶狀體也是長時間無法鬆弛，時間長了，就變形了。這樣反射進來的光線就不能準確落到視網膜上，所以，你就看不清楚遠處的東西了。

　　近視眼，還分為假性近視和真性近視兩種。一般一開始你發現看不清楚遠處的東西，只是看不清，眼球只是暫時變形，並不是永久的，這是假性近視。但如果任其發展，還繼續不健康用眼的話，那眼球就會徹底變形，再也改不回來了，這就是真性近視。

　　真性近視了怎麼辦？現在一般的應對方法，就是戴眼鏡，透過鏡片的折射，讓進入眼睛的光線落在視網膜上，也就又能看清楚遠方的東西了。

　　雖然近視眼可以透過戴眼鏡來看清楚遠處的東西，但還是會帶來種種的不方便，遠不如天生的好。所以，你們一定要保護好這種與生俱來的能

力，儘量不戴眼鏡。

為了預防近視，可以從這幾方面著手：

首先，一定要注意讀書寫字的姿勢，「三個一」眼離書本一尺，胸離桌子一拳，手離筆尖一寸的要求，你一定已經聽老師講過很多次了。

其次，長時間看書學習或者是看電視，要注意休息，一般一個小時就要閉目養神一會兒，或者是到窗前極目遠眺。

還有，就是要多做護眼保健操。要定期去醫院檢查視力，一旦發現視力有下降的現象，就要趕緊去醫院，採取相應的治療措施。平時飲食方面要注意營養均衡，不要挑食，可以多吃一些富含維生素 A 的食物。

小小提醒

有人把治療近視眼的希望寄託在手術上，也就是透過雷射手術來矯正變形的晶狀體，這種方法雖然可以改善視力，但是現在社會各界對這種方法還有一定的爭議。

結果暫且不論，但青春期的人視力發育還沒有最終定型，從根本上來說就不適宜進行近視眼的矯正手術。所以，對於青春期的你們來說，要對付近視眼，還是以預防為主，主要注意用眼衛生，做好護眼保健操，這才是關鍵。

「豆芽菜」身材該怎麼改變？

? 【我有問題】

進入青春期，我的個頭是沒少長，但就是不長肉！那手臂看起來還沒女生的粗，所以他們給我取了個外號，叫「豆芽菜」！鬱悶死了，怎麼才能變得強壯起來呢？

【答疑解惑】

「豆芽菜」身材，表示你不是很健康。之所以會成為「豆芽菜」，是因為你沒有適時地補足營養。另外，運動不足也是一個很重要的原因。

這是因為，運動可以調節人體的基礎代謝水平，也可以增長肌肉，可以讓一個胖子的體重下降，脂肪含量減少，也可以讓一個瘦子的體重增加。

「豆芽菜」們不僅是體型看上去不好看，這樣瘦弱的身材同時對身體的其他部位也有一定影響。「豆芽菜」們的肌肉力量一般都較差，特別是腰背肌群，相對容易出現脊柱變形，所以，「豆芽菜」裡多駝背，也就不稀奇了。

另外，支撐內臟的肌肉力量也差，這會限制各內臟器官的發育。因此「豆芽菜」們的體質都比較弱，抵抗力差，還容易生病。

就因為太瘦了有這麼多的壞處，所以「豆芽菜」們可要努力改變現狀啊！

既然太瘦弱，是因為營養不充足而造成的，那就要從補充營養入手。不過，光營養充足還不夠，營養的均衡也很重要。要想保證營養的充足和均衡，應該從以下幾個方面著手。

首先，要保證蛋白質供應充足。人體總重量的16%—20%都是蛋白質，也就是說，去掉水分以後，人體的一半都是蛋白質。一般來說，一個男子一天需要80克到90克的蛋白質，女子要比這稍微少一些。蛋白質比較豐富的食物有，肉類、魚類、蛋類、奶類以及各種豆製品等等。

其次，要有足夠的能量補充，尤其是青春期的男孩，此時的你們普遍比較好動，能量消耗巨大，可以透過脂肪和糖類來提供熱量。

第三，為了保持骨骼的發展，還要攝入足夠多的微量元素，比如鐵、鋅等等。

第四，還要保證維生素的供應，尤其是維生素A、維生素C、維生素D、維生素B6等等，這些維生素不但可以預防疾病，還可以提高機體的免疫力。

做到以上這幾點，基本上就可以保證營養的充足和平衡了。

此外，要想有一個好體格，不當一陣風就能吹跑的「豆芽菜」，日常

的體育鍛鍊也少不得。

　　營養充足和適度的鍛鍊，這兩者是相互配合、相互補充的。營養充足和均衡是基礎，是讓你的身體有了長肉、長個子的「本錢」。而體育鍛鍊就是運用了讓這些營養順利轉化為肌肉，長在它該長的位置，讓你的身材看起來更漂亮、勻稱。所以，這兩者缺一不可，不可偏廢！

小小提醒

　　人體除了蛋白質、脂肪等這幾大必需營養外，其實還有一種物質也是必須的，只是它很平常，容易被我們所忽視，它就是水。活潑好動的青春期男孩，身體需水量比成年人還大。一般每天要攝入 2500 毫升的水，才能滿足人體需要。

　　注意，這不是說你每天要喝下去這些水，你吃的食物裡包含的水分也算在內的。

我該怎樣保護牙齒？

？【我有問題】

最近一位同學被嘴裡的一顆蛀牙折磨得死去活來，看著他每天用手捂著腮幫子，看的我都覺得疼了！那麼我應該怎麼做，才能避免像他那樣呢？

➡【答疑解惑】

這種煩惱，很多人都遇到過，俗話說：「牙痛不是病，痛起來要人命！」那真是一點都不假。而引起牙疼的原因當中，最常見的，就是齲齒了。

齲齒，又叫「蛀牙」，就是牙齒表面那層硬硬的琺瑯質，被細菌腐蝕了，進而露出了下面的牙本質，外來的東西觸到了裡面的神經，人就會感到疼痛了。

人的一生，牙齒一共有兩套，一套叫乳牙，一套叫恆牙。而進入青春期的孩子們，你們現在用的已經是恆牙了，這套牙齒要一直用到你們年老的時候，如果「壞」了，可不會再有新牙、好牙長出來了。所以，一定要學會愛護牙齒。

愛護牙齒，從注意保持口腔衛生做起，最直接的辦法就是刷牙和漱口。

要每天早晚各刷一次牙，飯後漱口。早晨刷牙和睡前刷牙相比，後者更重要，因為「長夜漫漫」，會給了細菌們大量繁殖的機會。

要會正確地刷牙，要上下順著刷，而不能左右橫著刷，還要注意把後牙的咬合面刷到，這樣才能把口腔裡的食物殘渣都刷乾淨。每次刷牙時間不能少於三分鐘。

除了保持口腔衛生，飲食方面也要注意。可以注意多吃一些粗糙、硬質和富含纖維的食物，要充分咀嚼，這樣不但可以鍛鍊牙周組織，而且也摩擦了牙齒的咬合面，讓食物殘渣和細菌不會停留。

少吃甜食，這一點很重要。糖的攝入量和齲齒有著非常大的關係。糖類物質，是腐蝕牙齒的乳酸、細菌們的營養物質。很多小孩就是因為愛吃糖，貪吃糖，吃完又沒有注意及時刷牙漱口，才造成了齲齒。

最後，平時要定期去做牙齒的全面檢查，一旦發現問題，就要馬上進行治療。牙病就是這樣，越早發現越早治療越好，萬萬不可有嫌麻煩而拖延的心理，這樣往往會造成最後痛得受不了才去醫院，讓原本沒什麼大事的牙齒，最後嚴重到不得不拔掉。

所以說，牙痛這件事，痛起來確實很要命，但是，想預防它也沒那麼難，照著保持口腔衛生、合理飲食這兩條去做就行了，一定可以讓你擁有一口既健康又漂亮的牙齒。

小小提醒

你家牙刷用多久才會換新的？是用到牙刷毛被磨平了嗎？

一支牙刷的有效壽命只有三個月，可能你用了三個月以後，表面上看來並沒有什麼損壞，於是因為節省，或者是懶得買新的等緣故讓你繼續使用它，其實，這樣做是不對的。

因為用了幾個月的牙刷，在刷毛裡已經隱藏了不少的細菌了，這些細菌一般用水沖是沖不掉的。所以，最好的辦法，就是扔掉再買新的。

對付腳臭有什麼好辦法？

 【我有問題】

今天糗大了！上午上體育課，我和同學一起踢球，玩得全身是汗，真爽啊！然後下一節語文課，我坐在那裡，忽然發現周圍的同學都怪模怪樣地看著我，還有的用手捂著鼻子，我正奇怪呢，然後我也聞到了附近確實有一股臭味，再仔細一找，那味道就是來自我的腳！當時我真覺得尷尬到恨不得找個地洞鑽進去！

對付腳臭，有什麼好辦法呢？

【答疑解惑】

其實，腳臭，和身上的汗臭味，是同一個原理。就是因為劇烈運動，

或者是天氣悶熱、精神緊張等原因，排出了大量的汗水，如果沒有及時清洗掉的話，就會提供細菌繁殖的機會。細菌將汗水中含有的尿素和乳酸分解，分解成不飽和脂肪酸和氨，就是這兩種物質發出的臭味。而腳臭之所以很顯著，又和腳的一些特點有關。

首先，腳上有很多的汗腺，大概每平方公分會有 620 個汗腺，所以，在出汗的時候，這裡就會排出大量的汗水。

還有，我們的腳通常是躲在襪子和鞋裡的，平時不能隨時隨地去洗，相比之下手就不一樣，手上的汗腺也很多，但是我們可以經常洗手，所以就沒有汗液存留，自然也就沒有「手臭」這一說。

再加上男孩子們都喜歡運動，運動就要穿運動鞋，而運動鞋的透氣性一般都比較差，這樣更不利於排出的汗水蒸發了。悶在厚鞋和襪子裡的腳排出了大量的汗水，又不能馬上去清洗，時間一長，自然就會散發出濃濃的臭味。但是腳臭並不是什麼病，所以你不用太擔心。

腳臭雖然不是病，但是卻會帶來很多麻煩。想想，誰聞到臭味不會躲著走啊？在自己的身上出現了這種狀況，一定很尷尬。有的時候腳部排汗很多，又沒有及時清理，導致真菌感染，那可就是病了。

想解決腳臭，就要注意保持腳的清潔衛生。應該養成每天洗腳、勤換襪子的好習慣。平時儘量少穿像運動鞋這種不透氣的鞋。可以單獨準備一雙運動鞋放在學校，體育課的時候換上，下了體育課再換回來。要注意保持鞋子的清潔、通風和乾燥。洗腳也有一些竅門，可以清除腳臭。比如在洗腳水裡放少量的食鹽，或者是米醋、茶葉、50 克左右的白礬，溶化了以後再洗腳，這樣就可以清除臭味。同樣的道理，在刷鞋、洗襪子的時候在水裡放這些物質，一樣可以去除臭味。

小小提醒

有些時候出汗，不是因為運動，或者是天氣炎熱，而是因為情緒緊張等心理反應。如果這種情況很嚴重，可以在醫生指導下適當服用一些藥物，並且要格外注意藥物的副作用。

男孩不好意思
問的事

THE THINGS
BOYS FEEL SHY
TO ASK

CHAPTER
7
面對誘惑

　　隨著年齡的增長，在青少年的身邊，經常會出現各式各樣的誘惑，他們會為了一個名牌手機，而甘心出賣自己的身體，會沉迷於網路上的黃色資訊，會在所謂的「大哥」的帶領下，走進酒吧夜店，然後又在無意之中接觸毒品，不僅使自己受到傷害，還會傷害其他人。

　　作為一個正在陽光中成長的青少年，應該如何來拒絕這些傷害，拒絕誘惑呢？現在就來一起學習一下吧！

我偷偷看了奇怪的影片，
是不是變成壞孩子了？

? 【我有問題】

　　前兩天爸媽都出差不在家，只有我一個人，難得遇到這樣的機會，於是我偷偷打開電腦，第一次鼓起勇氣打開了彈出頁面中經常會顯示的「大美女」。然後，我看到了裡面的片子，那裡的男人和女人都沒有穿衣服，他們在做那種事情。

　　我覺得有點害怕，但又有些激動，之後幾天裡，我的腦海裡都是那種讓人激動的畫面。

　　怎麼辦，我是不是變成了壞孩子，我是不是不應該看這個的？

【答疑解惑】

　　你現在是不是有些擔心，害怕自己的心事被爸媽發現，被同學知道？是不是會每天忍不住回想起片中男女所做的事情？

　　千萬別因為這些，而整天沉湎在自己的幻想中，而耽誤了學習啊！

　　其實，會有這種偷偷背著別人，看那種黃色視頻的事情，是很正常的。如今的你們剛進入青春期，性意識正處於剛萌發的狀態，會有這樣的好奇心，或者說有點兒「小色心」是很正常的。如果對異性一點好奇心都沒有，那才要真的懷疑是不是不正常了。所以，透過這種黃色頻道，看到了從未瞭解、卻想看到的東西，很興奮，覺得刺激，還想看，這一點都不奇怪。

　　但是，這並不等於我們就支持你去偷偷看這類影片。網路上的黃色影片和淫穢小說，都是青少年應該禁止觀看的。你沒看到那個網站裡的標誌嗎？未成年人，或18歲以下者禁止觀看。應該有這樣的標誌的吧？因為那些黃色影片，都是給大人們看的。

　　為什麼明令禁止你們觀看這些東西呢？那是因為這些黃色影片、淫穢書籍都不「健康」。如果你是一個大人，心智已經成熟，也許在看了這些東西之後，不會被影響。但是，現在的你們還只是孩子，心智並不成熟，這些不健康的東西就像「吸血蝙蝠」，讓你感覺舒舒服服的，讓你覺得刺激，然而在不知不覺中，就把你變成了它的俘虜。正因為如此，我們才要提倡，堅決抵制這類不健康的東西。

　　那究竟應該怎麼抵制呢？

　　以後在上網的時候，如果不慎點到了淫穢的網頁，要馬上關閉，不可因為好奇而去看。當然也不能再趁爸媽不在家的時候，私自偷偷打開網頁

瀏覽哦。

在和同學們聊天的時候，也不要談論這類話題，若是有人談論，你要記得主動離他們遠點。有的時候在外面遇到了向你兜售色情光碟、書籍的小販，也堅決不理睬他們，不要為他們的花言巧語所動。

同時，要從正確的管道瞭解性知識，比如購買正規的出版社出版的青春期教育書籍。如果對這方面有疑問，不要不好意思，可以大大方方地去問父母、問老師，他們會告訴你正確知識的。

小小提醒

學習正確的性知識，還能大大降低青少年的違法犯罪率，尤其是和性有關的犯罪。造成這類犯罪的主要根源就是性知識的缺乏。

青少年接受正確的性教育，不僅僅是學習和性有關的生理知識，也是在學習愛的知識，這包括教會男孩什麼是愛，如何去愛，如何做人，如何處理人際關係，如何尊重他人，如何愛護他人等等。學了這些，才能用道德準則約束自己，不至於讓自己成為「迷途的羔羊」。

我可以抽菸嗎？

? 【我有問題】

　　我身邊有很多人都在抽菸，我的爸爸、哥哥，甚至連我們班的同學裡都有人抽菸。他們手指中間夾著香菸，微閉著眼睛，深吸一口香菸，然後再從口中吐出一個個白煙圈的樣子，真是太帥氣了！他們看起來都好有男子氣概啊！

　　我也要抽菸，我也要像他們一樣變帥！

➡ 【答疑解惑】

　　在男孩子眼中，什麼是男子氣概，什麼是帥氣呢？

　　難道說整天嘴裡叼著香菸，吐著煙圈，一副老大的姿態，就是有男子

氣概，就是真正的帥氣了嗎？我想，在很多女孩子眼中，一定不是這樣認為的。另外，如果家裡的大人或者學校的老師知道了，你們這些小孩子在偷偷抽菸，一定也不會同意的。

你說不懂為什麼會這樣？難道你沒有發現，這些抽菸的同學，全都是在背著老師嗎？我想你們學校負責紀律檢查的老師，一定會經常宣傳禁止抽菸吧。

至於為什麼會這樣，這是因為抽菸是有害身體健康的。你可以隨便找一個香菸盒子，無論什麼牌子的都可以，那上面一定都有標注「抽菸有害健康」這幾個字。要想清楚明白地解釋這個問題，首先應該瞭解一下香菸中所含有的各種物質。

一根香菸當中，包含有 20 多種有毒的物質，包括尼古丁、焦油、一氧化碳等等，在它燃燒的煙霧當中，有害的化合物更多，可達 300 多種。你抽一口菸，就將這些有害物質都吸進了身體裡，這還能有好處嗎？

這些有害物質會使人體的各個器官都遭到危害，尤其是氣管、肺和咽喉，因為這幾個部位是吸進的煙氣最先接觸，也是接觸最多的部分。所以，經常抽菸的人，很容易患上肺癌。而且還有醫學研究證明，每抽一根菸，大概就會讓自己的壽命縮短 5 分半鐘，而每年，在全世界甚至有 100 萬人，因為抽菸而過早死亡。

常常聽到身邊的人說，車禍、飛機失事等事件，真的太可怕了，因為它們會讓人們在一瞬間失去生命。尤其是飛機失事，一次會奪走很多人的生命。然而，與這兩者相比，抽菸所造成的死亡率卻要遠遠高出很多。

如果說飛機失事前的幾秒鐘，會讓人感受即將面對死亡的絕望，那麼抽菸則是在慢性自殺，是讓自己的身體一點一點衰敗。

　　而對於正在成長中的青少年來說，抽菸的危害還要高於成年人。此時的你們，呼吸道比成年人的狹窄，呼吸道黏膜纖毛也沒有發育健全，在此時抽菸，很有可能會損害呼吸道，使其受損。一旦呼吸道受損，便會增加呼吸的阻力，使身體的肺活量下降，進而影響你們的胸廓發育，影響身體的健康。

　　而且，在菸草中含有的大量的有害物質尼古丁，還會毒害人的腦神經。此時的你們主要的任務就是學習，而尼古丁的吸入，會損害大腦，使記憶力減退、精神不振、學習成績下滑。抽菸還會誘發癌症，被吸進身體中的大量有害物質，會隨著血液循環而流遍全身，破壞身體的正常細胞，使其變成了癌細胞。由此可見，抽菸的危害大，青少年抽菸危害更大。

　　因此不管是出於什麼原因，你都不能輕易沾染這種百害而無一利的嗜好，不光自己不吸，還要告訴身邊的人，也要儘量避免沾染上菸癮。

小小提醒

　　有的時候你雖然不抽菸，但是也同樣被香菸危害，這是因為你身邊的人在抽菸，他們噴出的煙霧熏到你了，導致你吸了「二手菸」。吸二手菸一樣對身體有很大的危害。所以，遇到這種情況時，你可以選擇離開，離煙霧遠遠的。如果沒地方可躲，那大可以直接和抽菸的人說，請他將菸滅掉。

朋友過生日，大家可以一起喝酒慶祝嗎？

【我有問題】

明天是我的一個好朋友的生日，我們一群朋友約定，要為他慶祝一番，於是大家湊錢打算到飯店好好吃一頓，還有朋友提議要不醉不歸。

喝酒，應該可以吧？我看到大人們的聚會總是在喝酒，這東西是不是很好喝？

【答疑解惑】

好朋友過生日，為了友情，大家當然應該為他慶祝一番，我想這樣做，

父母也不會說什麼。但要注意，你們現在所花的錢都是伸手從父母那裡要來的，每一分都是父母透過勞動、工作賺來的辛苦錢，所以切不可鋪張浪費。

在說是否可以喝酒之前，你應該明白一件事情，喝酒和抽菸一樣，都是會對身體有一定傷害的。尤其是大量飲酒，也就是通常所說的「酗酒」，對人體的傷害很大。

無論是什麼酒，主要成分都是酒精和水。酒精對肝臟的傷害很大，經常酗酒的話會患上脂肪肝，再往下發展就是肝硬化甚至肝癌。而青春期的男孩肝臟發育還沒有完全成熟，代謝酒精能力還不行，所以飲酒對肝臟造成的傷害只會比成人還大。

青春期的男孩的食道和胃壁的黏膜都比較細嫩，經不住酒精的刺激，可能會引發炎症，導致食道炎、胃炎、胃潰瘍等疾病。

過量的酒精還會傷害大腦，讓你的記憶力下降，智商、判斷力都明顯減退。此外，過量的酒精，對心臟，對血管都有損傷，有可能誘發高血壓、心臟病等疾病。

過量的酒精對生殖系統的危害更大。首先，它會影響內分泌功能，造成雌性激素分泌相對增多，而誘惑性的雄性激素則相對減少，後果就是睪丸萎縮。睪丸是男性生殖系統中最重要的器官，如果它萎縮了，那整個生殖系統，都將面臨崩潰。

酒精還會損傷精子，被損傷的精子如果和卵細胞結合，形成的受精卵也不會健康，很可能還沒發育好就流產了。就算是沒流產最後生下來了，也有很大可能是畸形兒或智能有障礙的孩子。

酒精對人體的損害非常大。人在喝了一些酒以後，意識會變得有些模

糊，判斷力、控制力都會大大下降，容易做出清醒狀態下做不出來的事，這就叫「發酒瘋」。國家還規定飲酒之後不許開車，也是因為酒精帶給人的麻醉作用。所以，對於酒這種東西，處於青春期的你們還是要堅決拒絕。

酒在日常生活中隨處可見，也是大人們進行交際的常用工具。很大程度上，這種環境是不利於青少年成長的，你們應該儘量避免參加這樣的場合。

進入青春期的男孩首先要在思想上認識到，過量飲酒對身體是有害的，飲酒既不是成熟的表現，也不是時髦、酷的標準，自己有權利，還要有決心選擇健康的生活方式。

小小提醒

菸酒，這兩個字總不分家，大人們也總是一邊喝著酒一邊抽著菸，一邊推杯換盞，一邊吞雲吐霧，很悠閒自在的樣子。他們可能知道，抽菸對健康有害，飲酒也有害健康，但是他們可能不知道，邊喝酒邊抽菸，對健康的危害更大，這是一個 1+1>2 的問題。

為什麼呢？因為香菸裡含有的尼古丁能夠溶解在酒精裡，也就是說，這種有毒的物質，會更容易進入人體，兩者互相配合，也就對人體產生了更大的危害。

吸毒究竟有什麼危害？

? **【我有問題】**

最近經常能看到電視上說，又有某位明星因為吸毒被抓了，我知道吸毒是對自己很不好的事情，但吸毒是屬於違法的事情嗎？為什麼警察會逮捕他們呢？吸毒究竟有什麼危害，對社會、對自己都有什麼影響？

➡ **【答疑解惑】**

首先要明白，吸毒是違法的事情。並且就像你說的那樣，吸毒不僅會危及自身的健康，還會損害家庭和社會的利益。

尤其是那些參與吸毒的明星，他們給社會帶來的影響就更大了。作為公眾人物，吸毒會造成很大的負面影響，這不僅會讓喜歡他們的粉絲失望，

還有可能會讓喜歡效仿他們的青少年也去嘗試吸毒。

說來說去，你好像還是對吸毒的危害不是特別瞭解，別著急，這就給你仔細說明一下。

其實毒品的危害主要有三大類，即對身心的危害、對社會的危害以及對人體的機理危害。

吸毒對身體有一定的毒性作用，吸毒的時間過長或者每次藥劑量過大，都會對身體造成一定的危害，通常會讓機體的功能失調，產生組織病理變化。而且吸毒的人，經常會出現感覺遲鈍、困乏嗜睡、出現幻覺、運動失調等情況。

長期吸毒還會對身心造成潛在的致命危險，這種情況通常會在終止用藥，或者突然減少藥劑量之後發生，而這種反應也有一個專門的稱呼，叫作「戒斷反應」。

你曾經也許聽說過，吸毒者因為沒有錢繼續買毒品中斷了吸毒，又因為毒癮，導致身體痛苦難忍而最終選擇犯罪的事情，其實這就是吸毒戒斷非常困難的原因，因為會給戒毒者帶來非常痛苦的經歷。

另外吸毒所導致對身心傷害最突出的就是會讓吸毒者產生幻覺或思維障礙，使他們的腦袋裡長期只想著毒品，甚至促使他們為了吸毒而喪失人性。而且，經常靜脈注射毒品，還會使吸毒者感染各種疾病，尤其是愛滋病，很恐怖的，你應該聽說過吧。

吸毒對社會、對家庭的危害也不小，一旦家中有吸毒的人，那麼家也就不能稱其為家了。為了吸毒將家財一點點敗光，使經濟陷入困境，最終妻離子散的慘劇，並不少見。而且吸毒者因為身體狀況越來越差，不僅影響了正常的生活與工作，還有可能會為了籌錢吸毒，而走上違法犯罪的道

路。

　　至於對人體機能的危害則更明顯，吸毒者一旦停止吸毒，就會出現不安、焦慮、忽冷忽熱或者起雞皮疙瘩、流鼻涕、出汗、噁心等症狀，而且毒品還會毀壞人體的神經中樞，這是不是很可怕？

　　所以，吸毒是很恐怖的事情，你們可千萬不要嘗試！

小小提醒

　　我們經常會說「吸毒」，但事實上，所謂的「吸毒」並不是專指透過口鼻來「吸」毒品，還有其他攝入毒品的方法，如口服和注射等。

　　口服會使藥物進入體內的速度變慢，產生依賴性的機率也相對較低。而注射毒品又分為靜脈注射和肌肉或皮下注射兩種方式，其中靜脈注射毒品的危害最大，不僅會使毒癮越來越重，還非常容易感染其他疾病。

　　因此，為了能夠做一個健健康康的好青年，一定要讓自己從主觀上遠離毒品，不要因為一時好奇而嘗試，進而害了自己和他人。

網路遊戲真刺激，
我可以不去上課嗎？

? 【我有問題】

前兩天放假的時候，我在網上看到了一個遊戲，玩過之後覺得真的太刺激了，過了一關之後還想再過一關，手都停不下來，弄得我都不想去上課了，怎麼辦？我可以不去上課嗎？

→ 【答疑解惑】

不去上課當然是不可以的！作為學生，你們現在的本職工作，現在的任務，就是每天到學校好好學習，怎麼可以因為沉迷於網路遊戲，就不想

去上課了呢？這是萬萬不可的。

不得不說，很多網路遊戲確實很刺激、很好玩，就連我以前也會經常因為刺激好玩，而想再多玩一會兒。但你要知道，如果你在玩遊戲上多浪費一分鐘時間，在其他地方就會少了一分鐘。

「時間就是金錢，時間就是生命」，我想這句話，你一定聽說過吧，所以現在浪費時間，就等於在殘害自己的生命。作為一個學生，現在如果不努力學習，而是每天只想著玩，那麼在不久的將來，你的未來會變成什麼樣子呢？我想，即使我在這裡不說明，你也可以想像得出來。

考試成績落後，成了班級裡的倒數，老師不喜歡你，爸媽也會經常批評你。而且因為整天只想著玩遊戲，自然而然也會少了和朋友的交流，以前的好朋友也會漸行漸遠，最後當你意識到的時候，身邊就只有你自己一個人了，連個可以說些知心話的朋友都沒有，是不是很可憐？

而且經常玩遊戲，不去休息還會對身體造成很大的傷害。

不知道你是否聽說過這樣的消息，某某在網咖玩遊戲，一連玩了幾天幾夜，最後猝死。事實上，長期坐在電腦前面會導致神經紊亂，體內激素水平失衡，使身體的免疫功能降低，進而引發各種疾病，嚴重的確實會導致死亡。

沉迷於遊戲，還會對青少年的心理和精神健康，造成很大的危害。因為遊戲中經常會有爆破或者槍殺等恐怖的鏡頭，許多像你們一樣大小的玩家，常常會因此而情緒不穩定，有些時候還會造成夜晚失眠，知覺錯亂等現象，對身邊很多重要的事情，也會轉眼就忘記，或者乾脆茫然無所知。對聲音卻又極度敏感，即便聽到很小的聲音，也會激動得心跳、冒汗，長此以往，必定會出現神經衰弱的情況。

而且，長期沉迷於網路遊戲，還會對我們的眼睛造成很大的傷害。我們都知道，眼睛對於每個人來說，都是非常重要的。如果長時間，高度集中地盯著電腦螢幕，眼睛得不到休息就會生病，得到近視，從今以後就再也無法擺脫近視的困擾。

也許你會說，戴眼鏡很好啊，看起來帥帥的，好像很聰明的樣子。但事實是怎麼樣的，你真的知道嗎？你知道戴眼鏡有多麼不舒服嗎？你一定看到過冬天的時候，那些戴眼鏡的同學，從外面走進教室的時候，眼鏡上面蒙著一層霧吧？多不方便啊。

所以，為了自己的將來，一定要注意保護眼睛，為了能夠不耽誤學習，也不要每天只想著玩遊戲。為了自己的身心健康，更要遠離網路遊戲的誘惑。

遊戲永遠都在，有時間的時候玩一會兒，放鬆一下可以，但切不可「玩物喪志」，沒了學習的興趣。一個無法控制自己意志，無法擺脫誘惑的人，可是非常失敗的，我相信，你是一個小男子漢，是一個好孩子，一定不會那樣做的。

小小提醒

據相關調查，在大多數的中學生網路遊戲玩家中，有 80% 的同學學習成績處於中下水平，在這 80% 的同學中，有超過一半的都是因為玩網路遊戲而導致學習成績下降的。由此可見，網路遊戲是對學習和健康都有很大危害的。因此，為了自己的未來，你一定要勇敢地對網路遊戲說「不」！

那個新手機真炫，怎樣才可以弄到手？

⁇ 【我有問題】

前幾天看到一款最新手機，真是太好看了，身邊有同學也在使用那款手機，真羨慕啊！我也想有一支，怎麼辦？我可以將同學的那支手機偷過來用幾天嗎？聽說，有人為了買手機竟然將自己的腎賣掉了，那我要不要也去試一試？

➡ 【答疑解惑】

當然不可以！

無論是偷手機，還是賣腎買手機，都是絕對不可以做的事情！

偷東西可是犯法的，已經構成了刑事犯罪了。你可千萬不能為了一支手機，而做這種傻事啊，知道嗎？

違法犯罪的事情，絕對不能做，不然這將會是你人生中永遠也抹不去的污點。不僅會讓別人對你心存芥蒂，還會在你的心中，留下一塊傷疤。等到將來步入社會了，即使別人並沒有說什麼，但你自己也會覺得他們好像總是對你戴著有色眼鏡，處處瞧不起你。

另外，關於你說的賣腎買手機的事情，這樣傷害自己身體的事情，當然更不能做了。

我知道，你也許會說，反正每個人都有兩顆腎，即使賣了一顆也沒有什麼，只要能夠維持健康，正常生活就可以了。但你有沒有想過，上天為什麼會讓我們每個人兩顆腎呢？我想有些東西既然能夠存在，就一定有它存在的理由。

腎是我們人體泌尿系統的重要組成部分，專門負責過濾血液中的雜質，維持體液和電解質的平衡，最後再將身體裡產生的尿液，經由後續的管道排出身體外，同時，腎還具備內分泌的功能以調節血壓。

一旦腎臟受到了傷害，身體也會出現很多問題。

因為我們看東西的瞳孔部分是由腎臟直接控制的，腎出了問題，便無法將腎水送達到眼睛處，眼睛會變得乾澀，慢慢地就會視力模糊，嚴重了還會出現黑影，也就是「飛蚊症」，時間久了，壓力越來越大，還會造成「青光眼」。

腎臟有問題，大腿兩側會痠軟無力，經常發癢。排尿狀況不好，頻尿，慢慢地細胞會出現壞死，最後造成了尿失禁。早上起床之後，腳後跟還會

感到不舒服，想呼吸的時候，還會感覺空氣不夠用，總而言之，如果腎臟出了問題，身體就會出現各種問題。

而正常的人，都是有兩顆腎臟的，如果其中一顆出現了問題，我們的身體還不會有太大的影響，就算其中一顆已經壞掉了，也還有另外一顆可以正常工作，不會危及我們的生命。但如果只有一顆腎臟，那麼當腎臟出現問題的時候，試想一下，你還有可以切除的腎臟嗎？恐怕只能接受腎臟移植了吧。而腎臟移植是有很大風險的，能夠得到一顆配型完全一致的腎臟的機率很小。

所以，為了自己的健康，一定不要做這種傻事。

手機只要可以用就好，沒必要為了攀比，滿足自己的虛榮心，而做出傷害自己，傷害他人的事情，知道嗎？

小小提醒

正處在青春期的你們，很容易會產生一種「攀比心理」。因為身邊某些人的衣服或用具很好，而產生一種我也想要擁有的想法。這樣的攀比心理對你們的心理會產生很大的負面影響。為了避免攀比心理的產生，首先就要做到自我調節。如經常做一些自我暗示，自身增強心理承受能力，減少盲目的攀比。不要為了所謂的面子，而做出傷害自己與他人的事情。

作為老師和家長，當發現孩子有因為攀比情況而出現違法犯罪，或傷害自身健康的情況時，要及時且耐心地開導，讓他們明白，不能因為一時的衝動，而做出讓自己後悔的事情。

樂活

10

男孩不好意思問的事

編　　著　沙嘯巖

出　版　者　大拓文化事業有限公司

執　行　編　輯　賴美君

封　面　設　計　林鈺恆

內文排版　姚恩涵

法　律　顧　問　方圓法律事務所　涂成樞律師

總　經　銷　永續圖書有限公司

劃　撥　帳　號　18669219

地　　址　22103 新北市汐止區大同路三段一九十四號九樓之一

　　　　　TEL (〇二)八六四七─二六六三

　　　　　FAX (〇二)八六四七─二六六〇

　　　　　E-mail　yungjiuh@ms45.hinet.net

　　　　　網　址　www.foreverbooks.com.tw

出　版　日　◇　二〇二一年十一月

Printed in Taiwan, 2021 All Rights Reserved

版權所有．任何形式之翻印，均屬侵權行為

國家圖書館出版品預行編目資料

男孩不好意思問的事 / 沙嘯巖編著.

-- 二版. -- 新北市：大拓文化事業有限公司, 民110.11

面；　公分. -- (樂活；10)

ISBN 978-986-411-148-0(平裝)

1.青春期 2.青少年心理

397.13　　　　　　　　　　　　110016183

TALENT tool

大大的享受拓展視野的好選擇

大拓 Talent Tool

永續圖書 線上購物網
www.foreverbooks.com.tw

謝謝您購買 　　**男孩不好意思問的事**　　 這本書！

即日起，詳細填寫本卡各欄，對折免貼郵票寄回，我們每月將抽出一百名回函讀者寄出精美禮物，並享有生日當月購書優惠！

想知道更多更即時的消息，歡迎加入 "永續圖書粉絲團"

您也可以利用以下傳真或是掃描圖檔寄回本公司信箱，謝謝。

傳真電話：（02）8647-3660　　　　　　信箱：yungjiuh@ms45.hinet.net

☺ 姓名：　　　　　　　　　□男 □女　　　□單身 □已婚

☺ 生日：　　　　　　　　　□非會員　　　□已是會員

☺ E-Mail：　　　　　　　　　電話：（ ）

☺ 地址：

☺ 學歷：□高中及以下　□專科或大學　□研究所以上　□其他

☺ 職業：□學生　□資訊　□製造　□行銷　□服務　□金融

　　　　□傳播　□公教　□軍警　□自由　□家管　□其他

☺ 您購買此書的原因：□書名　□作者　□內容　□封面　□其他

☺ 您購買此書地點：　　　　　　　　　　　金額：

☺ 建議改進：□內容　□封面　□版面設計　□其他

　　　您的建議：

新北市汐止區大同路三段一九四號九樓之一

大拓文化事業有限公司收

請沿此虛線對折免貼郵票，以膠帶黏貼後寄回，謝謝！

想知道大拓文化的文字有何種魔力嗎？

請至鄰近各大書店洽詢選購。

永續圖書網，24小時訂購服務
www. foreverbooks. com. tw
免費加入會員，享有優惠折扣

郵政劃撥訂購：
服務專線：(02)8647-3663
郵政劃撥帳號：18669219